JN063395

発信者情報開示命令の実務

弁護士

大澤一雄

商事法務

はしがき

　「特定電気通信役務提供者の損害賠償責任の制限及び発信者情報の開示に関する法律」（以下「プロバイダ責任制限法」といいます。）は、インターネット上に権利侵害情報が流通した場合のプロバイダ等の責任範囲を明確化すること及び発信者情報開示制度を定めることを趣旨として、2001年に成立したものです。

　図らずも同法成立から20年後の2021年に、改正前の全5条の条文から全18条の条文となる同法施行後はじめての大規模改正がなされました。その結果として、発信者情報開示制度に関して、発信者情報開示命令事件に関する裁判手続が創設されるとともに、発信者情報の開示請求を行うことができる範囲の見直し等がなされました。

　これは、インターネットの発展には多くの人々に利便性をもたらすという光の側面がある一方で、インターネット上での権利侵害投稿による被害の増加・深刻化という陰の側面に対応するためのものであると考えられます。今日では、SNSを通じた被害の増加・深刻化という陰の側面がクローズアップされることが度々あり、この側面への対応がとくに求められているものといえます。

　本書は、プロバイダ責任制限法を所管する総務省総合通信基盤局電気通信事業部消費者行政第二課において、2021年におけるプロバイダ責任制限法の改正法の立案を担当した著者の経験を踏まえ、その法制度及び立案時に想定された実務上の流れを解説したものです。

　本書の執筆にあたっては、できる限り立案時の議論等を反映できるようにするとともに、図表等を用いることで分かりやすい解説となるようにしました。なお、意見や評価にわたる部分は筆者の個人的な見解です。

　改正法は2022年10月に施行されたばかりであり、その運用については定まっていない部分もあり、また、インターネットを取り巻く環境による影響を受けるものでもあります。本書が改正法による改正後のプロバイダ責任制限法の理解の一助となりましたら幸いです。

　最後に、この場を借りて、改めて、総務省の改正法PTのメンバーを含

めた関係各位、本書の出版にあたりご尽力を賜りました株式会社商事法務の澁谷禎之氏、櫨元ちづる氏に、謝意を表する次第です。

2022 年 12 月

弁護士　大澤　一雄

凡　例

凡　例

民保規	民事保全規則（平成 2 年最高裁判所規則第 3 号）
民訴費	民事訴訟費用等に関する法律（昭和 46 年法律第 40 号）
民　執	民事執行法（昭和 54 年法律第 4 号）
通則法	法の適用に関する通則法（平成 18 年法律第 78 号）

[主な文献等]

逐条解説プロバイダ責任制限法	総務省総合通信基盤局消費者行政第二課著『プロバイダ責任制限法〔第 3 版〕』（第一法規、2022 年）
一問一答プロバイダ責任制限法	小川久仁子編著『一問一答 令和 3 年改正プロバイダ責任制限法』（商事法務、2022 年）
逐条解説非訟法	金子修編著『逐条解説 非訟事件手続法』（商事法務、2015 年）
一問一答非訟法	金子修編著『一問一答 非訟事件手続法』（商事法務、2012 年）
仮処分の実務	関述之・小川直人編著『インターネット関係仮処分の実務』（金融財政事情研究会、2018 年）
民事保全の実務（上）	江原健志・品川英基編著『民事保全の実務（上）〔第 4 版〕』（金融財政事情研究会、2021 年）

[判例集・雑誌]

民集	最高裁判所民事判例集
判タ	判例タイムズ
判時	判例時報
金法	金融法務事情

NBL　　　　　　New Business Law

ジュリ　　　　　ジュリスト

[用語の略称]

　本書では、以下の略語を用いている場合があります。

開示命令	発信者情報開示命令
開示命令事件	発信者情報開示命令事件
開示命令の申立てについての決定	発信者情報開示命令の申立てについての決定
CP	コンテンツプロバイダ。なお、主に、掲示板事業者、SNS サービスを提供する事業者などを想定したものです。
AP	経由プロバイダ（アクセスプロバイダとも呼ばれます）。なお、主に、接続事業者などを想定したものです。
発信者情報の開示請求権	「特定発信者情報以外の発信者情報」の開示請求権及び「特定発信者情報」の開示請求権を総称したものとして使用しています。

※　本書では、コンテンツプロバイダ及び経由プロバイダは「開示関係役務提供者」（法 2 条 7 号）に含まれるものとして扱っています。

第1章　総　論

第2章　発信者情報開示制度

第 3 章　発信者情報の開示請求に関する裁判手続（非訟手続）

目　　次

目　　次

第4章　発信者情報開示請求における実務上の流れ

第1章

総　論

第1節　本書の対象

令和3年4月21日、「特定電気通信役務提供者の損害賠償責任の制限及び発信者情報の開示に関する法律の一部を改正する法律」（令和3年法律第27号。以下「改正法」といいます。）が成立し、同月28日に公布されました[1]。

令和3年改正前の「特定電気通信役務提供者の損害賠償責任の制限及び発信者情報の開示に関する法律」（平成13年法律第137号。以下「プロバイダ責任制限法」といいます。）は、①特定電気通信（不特定の者によって受信されることを目的とする電気通信の送信）によって権利侵害情報が流通した場合のプロバイダ等の責任範囲を明確化することにより、プロバイダ等による適切な対応を促すこと、②特定電気通信によって権利侵害情報が流通したことにより権利を侵害されたと主張する者が、発信者を特定して損害賠償請求等の民事上の責任追及を行うことができるよう、プロバイダ等に対して、発信者の特定に資する情報の開示を請求する権利を定めること及び発信者への意見聴取手続等を定めること、を趣旨とします。

改正法では、このうち②について開示請求を行うことができる範囲の見直し等を行うとともに、③発信者情報の開示請求に関する裁判手続（非訟手続）が創設され、これに関して必要な事項が定められました[2]。

本書は、改正法による改正後のプロバイダ責任制限法が定める事項のうち、主として、②発信者情報開示制度及び③発信者情報開示命令に関する裁判手続を対象とするものです（図1-1-1）[3]。

---

1) 改正法の施行時期については、「公布の日から起算して一年六月を超えない範囲内において政令で定める日から施行する」（改正法附則1条）ものとされていましたが、令和4年10月1日から施行することとされました（特定電気通信役務提供者の損害賠償責任の制限及び発信者情報の開示に関する法律の一部を改正する法律の施行日を定める政令（令和4年政令第208号））。
2) これらのほか、開示請求を受けたプロバイダ等が発信者に対して行う意見聴取において、発信者が開示に応じない場合には、「その理由」も併せて照会する旨及び開示命令が発令された場合における発信者への通知義務等に関して、改正がなされました（法6条）。

　なお、改正法による改正は、同法施行後の初めての大規模改正であると
いえます。

**【図 1-1-1：プロバイダ責任制限法が定める事項と令和 3 年改正法による改正
の対象】**

```
 ┌─────────────────────────────────┐
 │  プロバイダ責任制限法の趣旨                                │
 └─────────────────────────────────┘
 ┌─────────────────────────────────┐
 │ ①特定電気通信（不特定の者によって受信されることを目的とする電気通信の送信）によって  │
 │  権利侵害情報が流通した場合のプロバイダ等の責任範囲を明確化することにより、プ    │
 │  ロバイダ等による適切な対応を促すこと                            │
 └─────────────────────────────────┘
   ⇒ 法3条及び4条（改正前の法3条及び3条の2。プロバイダ等による削除等の対応
   促進（プロバイダ等の損害賠償責任の制限））
       ┌───────────────────────────┐
       │   令和3年改正の対象＝本書の対象                      │
       └───────────────────────────┘
 ┌─────────────────────────────────┐
 │ ②特定電気通信によって権利侵害情報が流通したことによる被害者（権利を侵害された    │
 │  と主張する者）が、加害者（発信者）を特定して損害賠償請求等を行うことができるよ   │
 │  う、一定の要件を満たす場合には、プロバイダ等に対し、当該加害者（発信者）の特    │
 │  定に資する情報の開示を請求する権利を定めること及び発信者への意見聴取手続      │
 │  等を定めること                                      │
 └─────────────────────────────────┘
   ⇒ 法5条から7条まで（改正前の法4条。発信者情報開示制度）
 ┌─────────────────────────────────┐
 │ ③開示要件の判断が困難でない事案や当事者対立性の高くない事案に係る裁判の審     │
 │  理を簡易迅速に行うことができるようにするため、発信者情報開示命令事件に関する    │
 │  裁判手続に関し必要な事項を定めること                          │
 └─────────────────────────────────┘
   ⇒ 法8条から18条まで（発信者情報開示命令に関する裁判手続）
```

※　総務省資料（発信者情報開示の在り方に関する研究会配布資料（2020 年 4 月 30 日）：
　　https://www.soumu.go.jp/main_content/000685999.pdf）に加筆

3）　プロバイダ責任制限法が定める①の事項の詳細については、逐条解説プロバイダ
　責任制限法 37 頁を参照のこと。

第2節　令和3年の改正法の成立に至る経緯等

1　プロバイダ責任制限法の制定から改正法の成立に至るまでの見直し状況

　プロバイダ責任制限法は、①インターネット上の違法な情報への対策としてプロバイダ等による自主的な対応を促す（令和3年改正前の3条）とともに、②プロバイダ等の保有する発信者情報について被害を受けたと主張する者に開示するための制度（令和3年改正前の4条）を創設するものとして、平成13年に制定され、翌14年に施行されたものです[4]。

　①については、平成25年改正により選挙運動期間中における名誉侵害情報の流通に関する公職の候補者等に係る特例[5]が追加されるとともに（令和3年改正前の3条の2）、平成26年に成立した「私事性的画像記録の提供等による被害の防止に関する法律」（平成26年法律第126号）4条では私事性的画像記録についての特例[6]が設けられました。また、改正法の成立後である令和4年に成立した「性をめぐる個人の尊厳が重んぜられる社会の形成に資するために性行為映像制作物への出演に係る被害の防止を図り及び出演者の救済に資するための出演契約等に関する特則等に関する法律」（令和4年法律第78号）16条では性行為映像制作物についての特則[7]が設けられています。

　②については、開示を請求することのできる発信者情報を定める「特定電気通信役務提供者の損害賠償責任の制限及び発信者情報の開示に関する

---

4)　逐条解説プロバイダ責任制限法2頁以下。
5)　この特例は、法3条2項に定める場合に加えて、特定電気通信役務提供者が特定電気通信により選挙運動の期間中に頒布された文書図画に係る情報の送信防止措置（情報の削除等）を講じたことについて、当該情報の発信者との関係で当該作為による損害賠償責任が生じない場合を追加的に定めるものです。
6)　この特例は、法3条2項及び令和3年改正前の3条の2（令和3年改正後の4条）に定める場合に加えて、特定電気通信役務提供者が私事性的画像記録に係る情報の送信防止措置（情報の削除等）を講じたことについて、当該情報の発信者との関係で当該作為による損害賠償責任が生じない場合を追加的に定めるものです。

法律第四条第一項の発信者情報を定める省令」（平成 14 年総務省令第 57 号）を改正することにより、開示範囲を拡大する等の見直しがなされてきたものです。具体的には、平成 23 年の総務省令改正により「インターネット接続サービス利用者識別符号」及び「SIM カード識別番号」が、平成 27 年の総務省令改正により「ポート番号」が、令和 2 年の総務省令改正により「発信者の電話番号」が、それぞれ追加されました。また、平成 27 年に電気通信事業法（昭和 59 年法律第 86 号）にアイ・ピー・アドレスの定義が追加されたことに伴い、平成 28 年の総務省令改正により「IP アドレス」と表記されていた箇所について「アイ・ピー・アドレス」へと表記が統一されました。

2　プロバイダ責任制限法の改正に向けた検討状況等

　インターネット上の情報流通の増加や、情報流通の基盤となるサービスの多様化及びこれらに伴うインターネット上における権利侵害情報の流通の増加を受けて、プロバイダ責任制限法を所管する総務省では、令和 2 年 4 月、発信者情報開示制度の見直しに向けた検討を行う「発信者情報開示の在り方に関する研究会」[8] を設置し、同月から検討を開始しました。

　同年 12 月、同研究会における「最終とりまとめ」を踏まえて[9]、立案

---

7)　この特例は、法 3 条 2 項及び私事性的画像記録の提供等による被害の防止に関する法律 4 条に定める場合に加えて、特定電気通信役務提供者が特定電気通信による性行為映像制作物に係る情報の送信を防止する措置（情報の削除等）を講じたことについて、当該情報の発信者との関係で当該作為による損害賠償責任が生じない場合を追加的に定めるものです。

8)　〈https://www.soumu.go.jp/main_sosiki/kenkyu/information_disclosure/index.html〉

9)　非訟手続の創設にあたり、実体法上の請求権である発信者情報開示請求権に「代えて」非訟手続とする考え方と当該請求権を存置しこれに「加える」形で非訟手続を新たに設ける考え方があり得たところ、同研究会における議論の結果として、「現行法上の開示請求権を存置し、これに『加えて』非訟手続を新たに設けることを前提として、非訟手続の具体的な制度設計を検討することが適当である。」とされました（「最終とりまとめ」14 頁以下）。なお、「最終とりまとめ」の具体的内容については、中川北斗「プロバイダ責任制限法をめぐる課題と取組」NBL1186 号（2021 年）36 頁、中川北斗「総務省の取組（特集インターネット上の誹謗中傷問題―プロ責法の課題）」ジュリ 1554 号（2021 年）50 頁を参照のこと。

作業が進められ、令和3年の第204回国会（常会）にプロバイダ責任制限法の改正法案が提出され、同年4月21日に改正法が成立し（両院とも全会一致で可決。）、同月28日に公布されました[10]。

この改正法の施行期日は、令和4年10月1日です[11]。

3　改正法の施行に伴う総務省令及び最高裁判所規則の整備

改正法の施行にあたっては、発信者情報の具体的内容等が総務省令に委ねられていることや裁判手続に関する事項等が最高裁判所規則に委ねられていることから、総務省令及び最高裁判所規則の整備を必要とするものです。

総務省令については、①「発信者情報」の定義に係る省令（法2条6号）、②「ログイン型サービス」を開示請求の対象に加えることに伴う省令（法5条1項柱書、同項3号ロ、同条3項）及び③「提供命令」に係る省令（法15条1項1号柱書、同号ロ）の整備が必要であるところ、令和4年5月、総務省は、発信者情報を定める総務省令（平成14年総務省令第57号）を廃止した上で、新規に「特定電気通信役務提供者の損害賠償責任の制限及び発信者情報の開示に関する法律施行規則」（令和4年総務省令第39号）を制定しました[12]（図1-2-1）。

最高裁判所規則については、①裁判管轄に関する事項（10条1項2号、同条2項）及び②裁判手続に関する事項（18条）の整備が必要であるところ、令和4年3月、最高裁判所は、単行規定として「発信者情報開示命令事件手続規則」（令和4年最高裁判所規則第11号）を制定しました。

---

10)　発信者情報開示請求制度の見直しは、総務省「インターネット上の誹謗中傷への対応に関する政策パッケージ」の一内容としてなされたものです〈https://www.soumu.go.jp/main_content/000704625.pdf〉。

11)　前掲注1)参照。

12)　同省令は、その省令案が令和4年3月16日に意見募集に付され、意見を踏まえた所要の修正を行った上で制定されたものです（意見募集の結果については、〈https://public-comment.e-gov.go.jp/servlet/Public?CLASSNAME=PCM1040&id=145209894&Mode=1〉を参照のこと。）。

【図 1-2-1：プロバイダ責任制限法及び総務省令の改正経緯等】

年月	プロバイダ責任制限法の改正状況等	総務省令の改正状況等
平成 13 年 (2001 年)	・プロバイダ責任制限法成立	制定時の開示対象 ・氏名・名称 ・住所 ・電子メールアドレス ・IP アドレス及びタイムスタンプ
平成 14 年 (2002 年) 5 月	・プロバイダ責任制限法施行	
平成 23 年 (2011 年) 9 月		①総務省令の改正【開示対象の拡大】 ・利用者識別符号 ・SIM カード識別番号 ・これらに係るタイムスタンプ
平成 25 年 (2013 年) 5 月	・プロバイダ責任制限法改正 ⇒令和3年改正前の3条の2（改正後の4条）【情報削除に関する選挙期間中の特例】	
平成 26 年 (2014 年) 11 月	・リベンジポルノに関する情報削除に係るプロバイダ責任制限法の特例（私事性的画像記録の提供等による被害の防止に関する法律4条）	
平成 27 年 (2015 年) 12 月		②総務省令の改正【開示対象の拡大】 ・IP アドレスと組み合わされたポート番号
平成 28 年 (2016 年) 3 月		③総務省令の改正【表記の統一】 ・「IP アドレス」を「アイ・ピー・アドレス」へと表記の統一
令和 2 年 (2020 年) 8 月		④総務省令の改正【開示対象の拡大】 ・発信者の電話番号
令和 3 年 (2021 年) 4 月	・（プロバイダ責任制限法）改正法成立【発信者情報の開示請求に関する裁判手続（非訟手続）の創設等】	
令和 4 年 (2022 年) 3 月		・最高裁判所規則制定 （発信者情報開示命令事件手続規則）
同年 5 月		・総務省令の廃制定 （特定電気通信役務提供者の損害賠償責任の制限及び発信者情報の開示に関する法律施行規則）
同年 10 月	・令和3年改正法施行	

第3節　令和3年の改正法の概要

　令和3年の改正法は、特定電気通信による情報の流通によって自己の権利を侵害されたとする者が増加する中で[13]、発信者情報の開示請求についてその事案の実情に即した迅速かつ適正な解決を図るため所用の見直しを行ったものです。具体的には、①発信者情報の開示請求に係る新たな裁判手続（非訟手続）を創設するとともに、②開示請求を行うことができる範囲の見直しを行うほか、③その他の事項についての措置を講じたものです（図1-3-1)[14]。

1　新たな裁判手続の創設

　令和3年改正前の法の下では、事案の内容にかかわらず、常に訴訟手続（発信者の氏名及び住所等を求める場合）によらなければならないのは迅速な被害者救済の妨げになっているという課題や通常は少なくとも二段階の手続を経ることに伴う課題（コンテンツプロバイダに対する仮処分手続を行っている間に経由プロバイダの保有するアクセスログが消去されてしまうおそれ及び同一の投稿について同一の開示要件への該当性を二度審査すること。）が

---

13)　例えば、改正法案の国会審議時（令和3年時）において、総務省が委託運営を行っている「違法・有害情報相談センター」（インターネット上の違法・有害情報に対し適切な対応を促進する目的で、関係者等からの相談を受け付け、対応に関するアドバイスや関連の情報提供等を行う相談窓口。〈https://ihaho.jp〉）におけるインターネット上の違法・有害情報に関する相談対応件数は、平成27年度以降、約5000件で高止まりしており、運営が開始された平成22年度と比較すると約4倍となっています。また、東京地方裁判所における発信者情報開示仮処分の申立て件数（東京地方裁判所）は平成26年度には258件であったところ、令和元年は約630件と増加傾向にあります（平成26年度の数値は関辻之「平成27年度の東京地方裁判所民事第9部における民事保全事件の概況」金法2044号（2016年）30頁、令和元年の数値は「第204回国会衆議院総務委員会議事録第13号」（2021年4月8日）18頁（竹内芳明政府参考人（総務省総合通信基盤局長）答弁）をそれぞれ参照）。
14)　改正法の概要については、高田裕介ほか「『プロバイダ責任制限法の一部を改正する法律』（令和3年改正）の解説」NBL1201号（2021年）4頁や中山康一郎「令和3年プロバイダ責任制限法改正の概要」時の法令2142号（2022年）51頁を参照。

【図1-3-1：改正法の概要】

プロバイダ責任制限法の一部を改正する法律（概要）（令和3年4月28日公布）

インターネット上の誹謗中傷などによる権利侵害について、より円滑に被害者救済を図るため、発信者情報開示について新たな裁判手続（非訟手続※）を創設するなどの制度的見直しを行う。
※訴訟以外の裁判手続。訴訟手続に比べて手続が簡易であるため、事件の迅速処理が可能とされる。

1. 新たな裁判手続の創設

現行の手続では発信者の特定のため、2回の裁判手続※を経ることが一般的に必要。
※※SNS事業者等からの開示と通信事業者等からの開示

【改正事項】
・発信者情報の開示を一つの手続で行うことを可能とする「新たな裁判手続」（非訟手続）を創設する。
・裁判所による開示命令までの間、必要とされる通信記録の保全に資するため、提供命令及び消去禁止命令を創設する。※侵害投稿等に係るログの保全など
・新たな裁判手続に必要となる事項を定める。
※新たな非訟手続では米国企業に対してEMS等で申立書の送付が可能

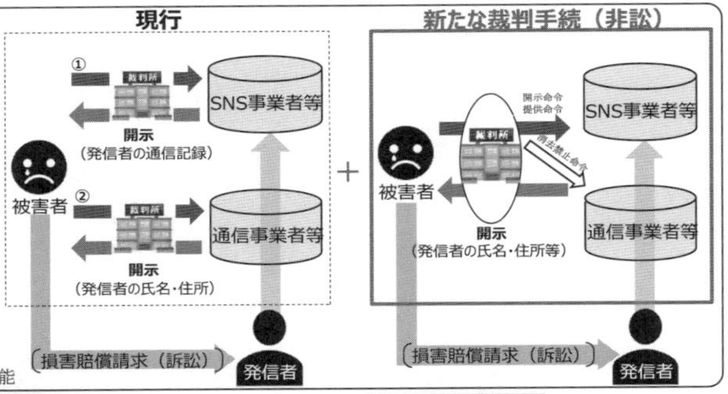

2. 開示請求を行うことができる範囲の見直し

SNSなどのログイン型サービス等において、投稿時の通信記録が保存されない場合には、発信者の特定をするためにログイン時の情報の開示が必要。

【改正事項】
・発信者の特定に必要な場合には、ログイン時の情報の開示が可能となるよう、開示請求を行うことができる範囲等について改正を行う。

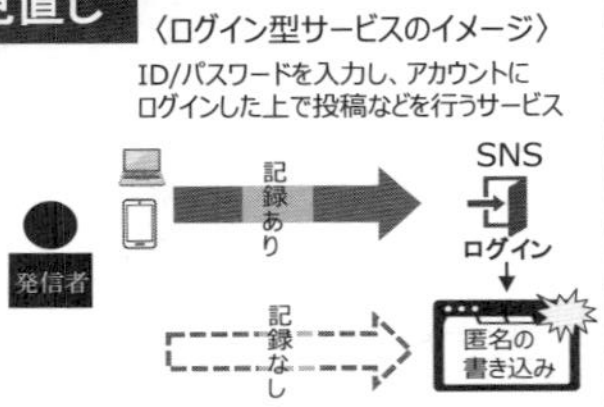

〈ログイン型サービスのイメージ〉
ID/パスワードを入力し、アカウントにログイン。ログイン後、サービス上に投稿などを行うイメージ

3. その他

【改正事項】
・開示請求を受けた事業者が発信者に対して行う意見照会※において、発信者が開示に応じない場合は、「その理由」も併せて照会する。
※新たな裁判手続及び現行手続の場合

（施行日：公布の日から起算して一年六月を超えない範囲内において政令で定める日）

※　総務省ホームページより引用〈https://www.soumu.go.jp/main_content/000777232.pdf〉

9

ありました。

　こうした課題を踏まえて、事案の実情に即した迅速かつ適正な解決を図るため、発信者情報開示請求権を前提に、これを行使・実現するための方法として、令和3年の改正前から認められていた①裁判外での開示請求及び②訴訟手続での開示請求に加えて、③非訟手続での開示請求（決定手続での開示請求）が可能となりました。

　このうち③が新たな裁判手続と呼ばれるもので、プロバイダ責任制限法第四章「発信者情報開示命令事件に関する裁判手続」（法8条から18条まで）において、開示命令、提供命令及び消去禁止命令という三つの命令及び裁判手続に関して必要となる事項が創設されました（→詳細は第3章・第1節・⑴参照）。

　この「発信者情報開示命令事件に関する裁判手続」（非訟手続）の類型としては、開示命令事件、提供命令事件及び消去禁止命令事件などがあります（図1-3-2）[15]。

【図1-3-2：発信者情報開示命令事件に関する裁判手続の類型】

類　型	根拠規定
開示命令事件	法8条
提供命令事件	法15条
消去禁止命令事件	法16条

2　開示請求を行うことができる範囲の見直し

　プロバイダ責任制限法の制定当時（平成13年）において開示請求を行うものとして想定されていたサービスは、当時、権利侵害投稿が問題化していた電子掲示板です。こうした電子掲示板においては、個別の投稿ごとに

---

15)　これらのほか、各決定に対する即時抗告事件などが想定されます（法15条5項、16条3項等）。

IP アドレス等のアクセスログが記録されていることが多いものといえます。こうした掲示板における権利侵害投稿は現在においても多く発生しているものの、現在では一部の外国法人の提供する SNS サービスにおいて権利侵害投稿がとくに深刻化しています。こうした SNS サービスを提供する外国法人においては、電子掲示板におけるシステムと異なり、そのシステム上、投稿時のアクセスログが記録されず、アカウントへのログイン時の情報やログアウト時の情報など、投稿そのものとは離れたアクセスログのみが記録されている場合が多いものといえます。

　そのため、電子掲示板を念頭においていた令和3年改正前の法の下では、権利侵害投稿を行った際の IP アドレス及びタイムスタンプが開示請求の対象となっており、あるサービスにログインした際の IP アドレス及びタイムスタンプ（以下「ログイン時情報」といいます。）が開示請求の対象となるかについては明らかではなく、裁判例においても争いがありました[16]。

　仮に、ログイン時情報のみを保有している者に対して、ログイン時情報の開示を求めることができないとすると被害者救済に不十分な結果となることから、ログイン時情報の開示請求を可能とするため、従来の発信者情報開示請求権に加えて、特定発信者情報開示請求権が創設されるとともに、関連電気通信役務提供者を相手方とする場合の定めが設けられました（法5条1項柱書、同条2項。→詳細は**第2章・第2節・1〜4**参照）。

3　その他の事項についての措置

　令和3年の改正法における改正事項の主たる事項は上記①新たな裁判手続の創設及び②開示請求を行うことができる範囲の見直しですが、以下の事項についても改正がなされています。

---

16)　例えば、肯定例として、東京高判平成26年5月28日判時2233号113頁、東京高判平成30年6月13日判時2418号3頁。否定例として、東京高判平成26年9月9日判タ1411号170頁、東京高判平成29年1月26日2017WLJPCA01266011、知財高判平成30年4月25日判時2382号24頁。

(1)　開示請求に応じるべきでない旨の意見である場合におけるその理由の聴取義務（法6条1項）

　開示関係役務提供者は、発信者情報の開示請求を受けたときには、発信者に対して、開示の請求に応じるかどうかについて意見を聴かなければならないものとされています（法6条1項）。この発信者から聴取しなければならない意見について、①単に発信者情報の開示に応じるかどうかという「同意 or 不同意」の意見だけではなく、②応じるべきではないとの意見である場合（①において不同意意見であった場合。）には、その理由も聴取しなければならない、という理由の聴取義務が設けられました（→第2章・第3節・1・(1)参照）。

(2)　開示命令を受けた旨の発信者に対する通知義務（法6条2項）

　開示命令を受けた開示関係役務提供者は、原則として、意見聴取（法6条1項）において開示の請求に応じるべきでない旨の意見（不開示意見）を述べた発信者に対して、遅滞なく「その旨」（開示命令を受けた旨）を通知しなければならない、という通知義務が設けられました（→第2章・第3節・2・(1)参照）。

(3)　提供命令により提供された発信者情報の目的外使用の禁止（法6条3項）

　提供命令（法15条1項2号）により発信者情報の提供を受けた他の開示関係役務提供者は、提供を受けた発信者情報について、「保有する発信者情報……を特定する目的以外に使用してはならない」という義務（目的外使用の禁止）が設けられました。

第4節 令和3年の改正法による改正後のプロバイダ責任制限法の構造

　令和3年の改正により、全5条（枝番の条（令和3年改正前の法3条の2）を含む。）構成であった令和3年改正前の法が、全18条構成となりました。これに伴い、検索の利便性を確保するため、4章立てとされました（図1-4-1）[17]。具体的には、第1章「総則」では法の趣旨や基本的な用語の定義付けがなされ、第2章「損害賠償責任の制限」では特定電気通信によって権利侵害情報が流通した場合にプロバイダ等による適切な対応を促すために、その損害賠償責任が制限される場合を定め、第3章「発信者情報の開示請求等」では発信者情報開示請求権等を定め、第4章「開示命令事件に関する裁判手続」では開示命令事件に関する裁判手続について定めています。とくに大きな改正点は、特定発信者情報の開示請求権の創設（法5条1項）及び第4章に定める「開示命令事件に関する裁判手続」（非訟手続）の創設であるといえます。

---

[17] 条文構造の詳細な解説については、一問一答プロバイダ責任制限法 Q4（7頁）。

【図1-4-1：令和3年改正前の法と令和3年改正後の法の規定順の比較】

令和3年改正前の法の規定順	令和3年改正後の法の規定順
⋮	第1章　総則
第1条　趣旨	第1条　趣旨
第2条　定義	第2条　定義
⋮	第2章　損害賠償責任の制限
第3条　損害賠償責任の制限	第3条　損害賠償責任の制限
第3条の2　公職の候補者等に係る 　　　　　特例	第4条　公職の候補者等に係る特例
⋮	第3章　発信者情報の開示請求等
第4条　発信者情報の開示請求等	第5条　発信者情報の開示請求
	第6条　開示関係役務提供者の義務等
	第7条　発信者情報の開示等を受けた 　　　　　者の義務
	第4章　発信者情報開示命令事件に関す 　　　　る裁判手続
	第8条　発信者情報の開示命令
	第9条　日本の裁判所の管轄権
	第10条　管轄
	第11条　発信者情報開示命令の申立書 　　　　　の写しの送付等
	第12条　発信者情報開示命令事件の記 　　　　　録の閲覧等
	第13条　発信者情報開示命令の申立て 　　　　　の取下げ
	第14条　発信者情報開示命令の申立て 　　　　　についての決定に対する異議 　　　　　の訴え
	第15条　提供命令
	第16条　消去禁止命令
	第17条　非訟事件手続法の適用除外
	第18条　最高裁判所規則

【コラム1：インターネット上の情報の分類】

インターネット上には、様々な情報が流通していますが、その中には発信者情報開示請求権の対象となる他人の権利を侵害する違法な情報もあれば、そうでないものもあります。

こうした情報の分類について参考となるものとして、「インターネット上の違法・有害情報への対応に関する研究会　最終報告書」（総務省主催。平成18年）があります。

これによれば、インターネット上の情報を、違法な情報と違法でないものの有害な情報とに区分し、さらにそれぞれについて区分を行っています。

違法な情報	①他人の権利を侵害する情報（例：名誉毀損、著作権侵害情報等）
	②社会的法益等を侵害する情報（例：わいせつ画像、規制薬物の販売広告等）
有害な情報	③公序良俗に反する情報（例：殺人等の違法行為を仲介する情報等）
	④青少年にとって有害な情報（例：アダルトサイト等）

この分類によれば、①が開示請求の問題となる場面であるといえます。

第2章

発信者情報
開示制度

第 1 節　発信者情報開示制度の概要

1　発信者情報開示制度

　インターネット上で投稿がなされた場合、投稿内容によっては名誉権等の他人の権利を侵害する場合があります（こうした投稿は、誰でも気軽に行うことができ、しかも高度の伝播性を有するものです。）。このような場合、当該投稿により自らの権利を侵害されたと主張する者（以下「被害者」といいます。）は、投稿を行った発信者に対して損害賠償責任等の民事責任を追及することが考えられます（民法 709 条）。

　もっとも、インターネット上で投稿がなされた場合、発信者の氏名及び住所は明示されていないのが一般的であることから、直ちには、発信者の民事責任を追及することができないのが通常です。例えば、裁判によらずに発信者に対して損害賠償請求を行おうとしてもその氏名及び住所が判明していなければ請求することができません。また、発信者を被告として損害賠償請求の訴えを提起するためには、その氏名及び住所を特定することが必要です（民訴 133 条 2 項 1 号、民訴規 2 条 1 項 1 号）。すなわち、インターネット上の匿名の投稿について、被害者が発信者の民事責任を追及するためには、その前段階として、発信者を特定する必要があります[1]。そのため、被害者救済の観点から、発信者を特定するために有用な発信者情報の開示を求めることのできる制度が必要とされています。

　他方で、開示を求める対象となる発信者情報は、発信者のプライバシー及び表現の自由[2]、場合によっては通信の秘密として保護されるべき情報

1）　米国においては、身元不詳の発信者（John Doe）を被告とする匿名訴訟が許容されています。なお、外国における発信者情報開示制度と類似の制度の概要については、一問一答プロバイダ責任制限法 Q100（118 頁）。
2）　匿名表現の自由について曽我部真裕「匿名表現の自由（特集インターネット上の誹謗中傷問題－プロ責法の課題）」ジュリ 1554 号（2021 年）44 頁。

に該当することから、正当な理由なしに発信者の意に反して開示がなされてはならないものです。しかも、発信者情報は、性質上、いったん開示されてしまうとその原状回復は不可能であるという性質を有するものです。

こうした被害者救済の要請と発信者の諸利益の調整を図りつつ、発信者の匿名性を解除する仕組みが発信者情報開示制度です（プロバイダ責任制限法第3章）。

この発信者情報開示制度は、被害者救済の要請を実現するために実体法上の請求権である発信者情報の開示請求権（法5条）を定めるとともに、発信者の諸利益を保護するために開示請求を受けた開示関係役務提供者の義務（法6条）及び発信者情報の開示を受けた者の義務（法7条）を定めています。

2　インターネット上での投稿の仕組み

このような発信者情報開示制度は、インターネット上で投稿がなされる場合の投稿の仕組みに着目したものです（図2-1-1）。

インターネット上で投稿がなされる場合、一般的に、経由プロバイダとコンテンツプロバイダが当該投稿に係る通信をそれぞれ媒介することとなります。例えば、発信者Xが「ヤブ医者」という投稿を行う場合、①経由プロバイダ[3]を介して、②コンテンツプロバイダ[4]に「ヤブ医者」という内容の情報が送られて、コンテンツプロバイダの提供するサービス上に「ヤブ医者」という投稿が表示されることとなります。

発信者はインターネット接続サービス提供事業者である経由プロバイダと契約関係にあり、発信者が接続サービスに対する利用料を支払っています。そのため、通常、経由プロバイダは契約者情報として、契約者である発信者の氏名及び住所等の情報を保有しています。他方、コンテンツプロバイダは発信者の氏名及び住所等の情報を保有していない場合が多いといえます。

3）　例えば、携帯電話会社等が想定されます。
4）　SNSサービスを提供する事業者や掲示板サービスを提供する事業者等が想定されます。

【図 2-1-1：投稿の仕組み】

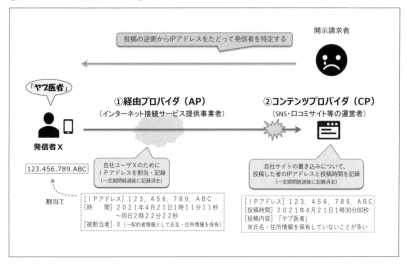

　もっとも、被害者から投稿を見た場合、発信者がどの経由プロバイダを利用しているのかが分からないため、まずはコンテンツプロバイダに対して当該投稿の IP アドレス及びタイムスタンプ等の開示を請求し、次いで、開示された IP アドレス及びタイムスタンプ等をもとに経由プロバイダを特定し、発信者の氏名及び住所等の情報の開示を請求することとなります（→詳細な手続の流れについては**第 4 章**を参照のこと。）[5]。

　このように発信者情報開示制度は、投稿時の通信過程を遡る形で、発信者を特定することを可能とした制度であるといえます。

5）　有限である IP アドレス（IPv4 を想定）の枯渇を防ぐために、同一の IP アドレスを複数の利用者に割り当てていることから、経由プロバイダにおけるログの突合作業には、タイムスタンプ等の IP アドレス以外の情報が必要となることが多いといえます。本書では、説明の便宜上、IP アドレスとタイムスタンプの二点情報で特定できるものとしています。

第2節　発信者情報の開示請求権

1　特定発信者情報以外の発信者情報の開示請求権と特定発信者情報の開示請求権

　発信者情報開示請求権とは、特定電気通信による情報の流通によって自己の権利を侵害されたとする者が、発信者を特定して民事上の責任追及を行うことができるように、開示関係役務提供者[6]に対して、法定の要件を満たしたときに、その保有する発信者情報の開示を求めることができるものです（法5条）。

　この発信者情報開示請求権には、①主に権利侵害投稿を行った際のIPアドレス等を開示の対象とする「特定発信者情報以外の発信者情報」の開示請求権と②SNSサービス等にログインした際のIPアドレス等を開示の対象とする「特定発信者情報」の開示請求権があります（図2-2-1）[7]。

　これらの請求権は実体法上の請求権であり、裁判手続を通じて行使することも、裁判外において行使することもできます。

　なお、本書において「発信者情報」の開示請求権とある場合には、上記①及び②を含むものとしています。

【図2-2-1：発信者情報の開示請求権】

```
┌─────────────────┐ ┌─ 特定発信者情報以外の発信者情報の開示請求権
│  発信者情報開示請求権  │─┤
│     （法5条）      │ └─ 特定発信者情報の開示請求権
└─────────────────┘
```

6）　開示関係役務提供者とは、法5条1項の特定電気通信役務提供者及び同条2項の関連電気通信役務提供者からなる概念です（法2条7号）。本書では、とくに使い分ける必要がある場合を除き、開示関係役務提供者との語句を用いています。

7）　特定発信者情報の開示請求権の創設に伴い（令和3年改正）、改正前の発信者情報の請求権は、「特定発信者情報以外の発信者情報」の開示請求権と整理されることとなりました（一問一答プロバイダ責任制限法Q12（19頁））。両請求権の相違点は、開示要件（「特定発信者情報」の開示請求権について要件を加重）と開示を求めることのできる発信者情報の範囲となります。

2　特定発信者情報の開示請求権

　「特定発信者情報」の開示請求権は、令和 3 年改正により創設されました。令和 3 年改正前の法の制定時（2001 年）における発信者情報開示制度が想定していた主なインターネットサービスは、匿名による他人の権利を侵害する投稿が問題化していた電子掲示板サービスです。こうした電子掲示板における被害者は令和 3 年時点においても生じているものの、とくに問題となっているサービスは一部の外国法人の提供する SNS サービスとなっています。

　従来の電子掲示板では個別の投稿ごとの IP アドレス等が記録されることが多いのに対し、SNS サービスではサービスにログインした際の IP アドレス等（以下「ログイン時情報」といいます。）は記録しているものの、投稿時の IP アドレス等を記録していないものがあります（図 2-2-2）。

　こうしたログイン時情報が開示請求の対象となるかどうかについては裁判例が分かれている状況にあったところ[8]、仮にログイン時情報の開示請求ができないとしたときには被害者救済に十分でない面があることから、ログイン時情報の開示請求を行うことのできる請求権として、「特定発信者情報」の開示請求権が創設されました（法 5 条 1 項柱書）[9]。

【図 2-2-2：ログイン IP アドレスが記録されている場合のログのイメージ】

タイムスタンプ	アカウント	IP アドレス	処理内容
6/29　12:00	ohsawa	123.456.7.8	ログイン
6/29　13:00	ohsawa	234.567.8.9	ログイン
・			
6/30　00:30	ohsawa	---------	投　稿
・			
6/30　02:15	ohsawa	345.678.9.0	ログアウト

8)　前掲第 1 章の注 16）参照。
9)　一問一答プロバイダ責任制限法 Q15（23 頁）。

3　侵害関連通信

(1)　侵害関連通信の趣旨

　法は、特定発信者情報を「発信者情報であって専ら侵害関連通信に係る
ものとして総務省令で定めるもの」として定義付けるほか（法5条1項）、
侵害関連通信を媒介したプロバイダ（経由プロバイダを想定）を「関連電
気通信役務提供者」として開示請求の相手方としています（法5条2項）。
そのため、「侵害関連通信」の概念は、開示対象となる①特定発信者情報
の範囲及び②関連電気通信役務提供者として開示請求の相手方となる者の
範囲に影響することとなります[10]。例えば、①所定の要件を満たした「侵
害関連通信」に用いられたログイン時 IP アドレスの情報が、特定発信者
情報として開示請求の対象となることとなります。また、②「侵害関連通
信」を媒介した経由プロバイダは、権利侵害投稿を媒介したかどうかに関
わらず、「関連電気通信役務提供者」として開示請求の相手方となります。

(2)　侵害関連通信の範囲

　「侵害関連通信」とは、SNS サービス等において侵害投稿を行った「侵
害情報の発信者が当該侵害情報の送信に係る特定電気通信役務を利用し、
又はその利用を終了するために行った当該特定電気通信役務に係る識別符
号……その他の符号の電気通信による送信であって、当該侵害情報の発信
者を特定するために必要な範囲内であるものとして総務省令で定めるも
の」をいうとされています（法5条3項）。

　具体的な範囲は、総務省令5条において、4種類の通信が限定列挙され
ています。すなわち、①SNS 等のアカウントを作成するためのアカウン
ト作成通信又はアカウント作成の際に行う SNS 認証等の認証通信（1号）、
②SNS 等にログインする際のログイン通信又はログインの際に行う SMS

---

10)　「侵害関連通信」とは侵害情報を送信した侵害投稿通信とは別の通信を意味するも
　　のです。

通信等の認証通信（2号）、③SNS 等のアカウントからログアウトする際のログアウト通信（3号）、④SNS 等のアカウントを削除する際のアカウント削除通信（4号）です（図2-2-3）。

　これら4種類の通信に該当した場合には、その全てが当然に侵害関連通信に該当するものではなく、「侵害情報の送信と相当の関連性を有するもの」のみが侵害関連通信に該当することとなります（総務省令5条）。

　この「相当の関連性を有するもの」の解釈について、「侵害関連通信に該当する通信を、発信者を特定するために必要最小限度の範囲に限定するための要件であり、例えば、特定電気通信役務提供者が通信記録を保有している通信のうち、施行規則5条各号の通信の種類ごとに侵害情報の送信と最も時間的に近接して行われた通信等が該当すると考えられる。」として、時間的・量的な観点を考慮するものとされています[11]。

　なお、総務省令上、アカウント作成等通信については「（当該侵害情報の送信よりも前に行ったものに限る。）」（同条1号）、アカウント削除通信については、「（当該侵害情報の送信より後に行ったものに限る。）」（同条4号）、という限定がそれぞれ付されています。

【図2-2-3：侵害関連通信の種類】

侵害関連通信の範囲（法5条3項、総務省令5条）	
総務省令5条1号	アカウント作成等通信
同条2号	ログイン等通信
同条3号	ログアウト通信
同条4号	アカウント削除通信

11)　山根祐輔「『特定電気通信役務提供者の損害賠償責任の制限及び発信者情報の開示に関する法律施行規則』の解説」NBL1220号（2022年）4頁。また、「『侵害情報の送信と相当の関連性を有するもの』に該当する通信は、原則として、本条各号に掲げる通信ごとにそれぞれ1つとなることが想定される。」として量的な限定があるほか、「侵害情報の送信と最も時間的に近接する通信から発信者を特定することが困難であることが明らかであり、侵害関連通信の範囲を当該通信のみに限定することは、特定発信者情報の開示請求権を創設した趣旨に照らし適切ではないと考えられる場合」には、「例外的に、侵害情報の送信と最も時間的に近接して行われた通信以外の通信も『侵害情報の送信と相当の関連性を有するもの』に該当する通信になり得る。」とされています（逐条解説プロバイダ責任制限法330頁以下）。

4　開示請求の相手方

(1)　「特定電気通信役務提供者」と「関連電気通信役務提供者」

　開示請求を行う相手方は、「特定電気通信役務提供者」(法 5 条 1 項)[12]と「関連電気通信役務提供者」(同条 2 項) となります[13]。

　「特定電気通信役務提供者」とは、侵害情報を流通させた特定電気通信を媒介したプロバイダを相手方として行うことを想定しているのに対し、「関連電気通信役務提供者」とは、「侵害関連通信」を媒介した経由プロバイダを相手方として行うことを想定しているものとなります (図 2-2-4)[14]。また、両者とも開示要件を満たす場合には開示義務を負うことから、これらを併せて、「開示関係役務提供者」(法 2 条 7 号) として定義付けられています (本書では、とくに必要のある場合を除き、開示関係役務提供者の語句を用いて説明をしています。)。

(2)　開示要件における相違点

　「特定電気通信役務提供者」を相手方とする法 5 条 1 項に基づく開示請求の場合、開示対象が「特定発信者情報以外の発信者情報」であるときは①権利侵害の明白性 (同項 1 号) 及び②開示を受けるべき正当な理由 (同

---

12)　経由プロバイダが発信者情報開示請求の相手方である「特定電気通信役務提供者」に該当するかについては従前争いがありましたが、最高裁は、「最終的に不特定の者によって受信されることを目的とする情報の流通過程の一部を構成する電気通信を電気通信設備を用いて媒介する者は、同条 3 号にいう『特定電気通信役務提供者』に含まれると解するのが自然である。」などとして、「特定電気通信役務提供者」に含まれる旨の判示をしています (最一小判平成 22 年 4 月 8 日民集 64 巻 3 号 676 頁)。

13)　法 5 条 1 項では「特定電気通信の用に供される特定電気通信設備を用いる」とあるのに対し、同条 2 項では「侵害関連通信の用に供される電気通信設備を用いて」とあるように、「特定」との用語がありません。これは、同条 1 項で想定する通信が不特定の者により受信されることを目的とする電気通信である (法 2 条 1 号及び 2 号) のに対し、法 5 条 2 項で想定するログイン等の通信は必ずしも不特定の者により受信されることを目的とするものではないことから、「特定」を付さなかったものと考えることができます。

14)　一問一答プロバイダ責任制限法 Q23 (32 頁)。

【図 2-2-4：関連電気通信役務提供者に対する開示請求】

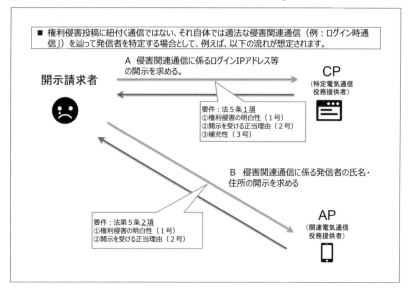

■ 権利侵害投稿に紐付く通信ではない、それ自体では適法な侵害関連通信（例：ログイン時通信」）を辿って発信者を特定する場合として、例えば、以下の流れが想定されます。

開示請求者

A　侵害関連通信に係るログインIPアドレス等の開示を求める。

CP
（特定電気通信役務提供者）

要件：法5条1項
①権利侵害の明白性（1号）
②開示を受ける正当理由（2号）
③補充性（3号）

B　侵害関連通信に係る発信者の氏名・住所の開示を求める

AP
（関連電気通信役務提供者）

要件：法第5条2項
①権利侵害の明白性（1号）
②開示を受ける正当理由（2号）

項2号）が開示要件となるのに対し、開示対象が「特定発信者情報」であるときには①及び②に加えて③補充的な要件（同項3号）が必要となります。

　「関連電気通信役務提供者」を相手方とする法5条2項に基づく開示請求の場合には、開示の要件は①及び②（同項1号、2号）であり、③補充的な要件は課されていません。これは、③補充的な要件は、侵害投稿通信に付随する通信記録とそうではない侵害関連通信に付随する通信記録とを判別することが可能なコンテンツプロバイダに対する開示請求の段階において、要件判断を行うものとされているため、後続の段階である経由プロバイダに対する開示請求においては、③の要件を再度判断することを要しないとされたためです[15]。

---

15)　一問一答プロバイダ責任制限法 Q24（33 頁）。

5　保有要件等

(1)　保有要件

　開示請求の対象となる発信者情報について、開示請求の相手方となる開示関係役務提供者が「保有」していることが要件となっています（法 5条）。

　ここで「保有」とは、開示請求の相手方となる開示関係役務提供者が開示請求の対象となっている発信者情報について開示することのできる権限を有することをいうものとされています。例えば、開示をすることのできる権限を有すると認められる場合には、第三者に委託して顧客管理を行わせているようなときや他人の管理するサーバ内にデータが存在しているときであっても「保有する」に含まれることとなります。

　また、ここにいう「権限を有する」とは、単に開示等が可能なだけでなく、その権限の行使が実行可能なものとして、開示関係役務提供者がデータの存在を把握していることも含むものであり、開示関係役務提供者の内部に存在する発信者情報であっても、抽出のために莫大なコストを要する場合や、体系的に保管されておらず、開示関係役務提供者としてはその存在が把握できないような場合には、「保有する」とはいえないこととなる、とされています[16]。

---

16)　逐条解説プロバイダ責任制限法 99 頁以下参照。なお、「保有する」の意義について、「『保有する』とは、当該役務提供者が当該発信者情報について開示することができる権限を有するのみならず、当該役務提供者において、その権限の行使が実行可能な程度に、データの存在を把握し、これを特定・抽出しうる場合をいうと解するのが相当である。したがって、開示関係役務提供者の保有する電気通信設備内に何らかの形式で存在している可能性のある発信者情報については、体系的に保管されていない等の理由により、当該役務提供者がその存在を把握できず、あるいはこれを特定・抽出して開示しえないような場合には、当該役務提供者は当該情報を『保有する』とはいえない。」とした令和 3 年改正前の法の下における裁判例があります（金沢地判平成 24 年 3 月 27 日判時 2152 号 62 頁）。

(2)　特定電気通信

　開示請求の対象となる通信とは、「不特定の者によって受信されることを目的とする電気通信……の送信」（法2条1号）です。そのため、例えば、電子メール、ショートメール及びSNSサービスにおけるダイレクトメール等の1対1の通信は、不特定の者によって受信されることを目的とされていないことから、「特定電気通信」には含まれません。そのため、こうした1対1の通信に対しては、発信者情報の開示請求をすることができないこととなります。なお、多数の者に宛てて同時に送信される形態での電子メール等の送信についても、1対1の通信が多数集合したものにすぎないことから、「特定電気通信」には含まれないものと考えられています[17]。

　こうした「不特定の者によって受信されることを目的」とするか否かについては、送信に関与する者の主観とかかわりなく、その態様から客観的、外形的に判断されるものであるとされています。

6　発信者情報の開示請求権に共通の開示要件

　発信者情報開示請求が認められるためには、保有要件等を満たすほか、法5条1項各号において規定されている開示要件を満たす必要があります。現実の開示請求における開示の要否を巡っては、主に開示要件が問題となります[18]。

　「特定発信者情報以外の発信者情報」の開示請求権と「特定発信者情報」の開示請求権に共通の開示要件は、①権利侵害の明白性要件（法5条1項1号）及び②発信者情報の開示を受けるべき正当な理由（同項2号）となります。

　なお、権利侵害の明白性要件（法5条1項1号）及び発信者情報の開示を受けるべき正当な理由（同項2号）については、令和3年の改正によ

---

17)　逐条解説プロバイダ責任制限法27頁以下。
18)　法5条1項1号、2号と同条2項各号の開示要件は同じであることから、本書では同条1項を前提に解説を行っています。

り、文言に若干の技術的修正が施されていますが、その内容に変更はありません[19]。

（法5条1項）

柱書　（略）

一　当該開示の請求に係る侵害情報の流通によって当該開示の請求をする者の権利が侵害されたことが明らかであるとき。〔権利侵害の明白性[20]〕

二　当該発信者情報が当該開示の請求をする者の損害賠償請求権の行使のために必要である場合その他当該発信者情報の開示を受けるべき正当な理由があるとき。〔発信者情報の開示を受けるべき正当な理由〕

三　（略）

※　特定発信者情報については、これらに加えて、3号の補充的な要件が必要となります。

---

(1)　権利侵害の明白性要件

(a)　「開示の請求に係る侵害情報の流通によって当該開示の請求をする者の権利が侵害されたことが明らかであるとき」とは、権利の侵害がなされたことが明白であるという趣旨であり、不法行為等の成立を阻却する事由の存在をうかがわせるような事情が存在しないことまでを意味するとされています[21]。

---

19)　一問一答プロバイダ責任制限法 Q13（20頁）。

20)　令和3年改正法案の立案に向けて検討を行った「発信者情報開示の在り方に関する研究会」において、権利侵害の明白性要件を緩和すべきかが議論となりましたが「適法な匿名表現を行った者の発信者情報が開示されるおそれが高まれば、表現行為に対する萎縮効果を生じさせかねないことから、現在の要件を維持すべきとの指摘が多くの構成員からあったことも踏まえ、現在の要件を緩和することについては極めて慎重に検討する必要がある」として、明白性要件は維持されることとなりました（「発信者情報開示の在り方に関する研究会　最終とりまとめ」（2020年12月）28頁）。

21)　逐条解説プロバイダ責任制限法102頁以下参照。

　　　ここで「権利」とは、名誉権、プライバシー権及び著作権等の幅広い権利及び法律上保護される利益が含まれるものと考えられています。

(b)　明白性要件をめぐっては、名誉権の侵害を理由とする場合にどの程度までの主張立証を要するかがとくに問題となります。一般に、名誉毀損については、「その行為が〔①〕公共の利害に関する事実に係り〔②〕もっぱら公益を図る目的に出た場合には、〔③‐ⅰ〕摘示された事実が真実であることが証明されたときは、右行為には違法性がなく、不法行為は成立しないものと解するのが相当であり、もし、右事実が真実であることが証明されなくても、その行為者において〔③‐ⅱ〕その事実を真実と信ずるについて相当の理由があるときには、右行為には故意もしくは過失がなく、結局、不法行為は成立しないものと解するのが相当である」（最一小判昭和 41 年 6 月 23 日民集 20 巻 5 号 1118 頁）[22] として、投稿が、①公共の利害に関する事実に係るものであること、②専ら公益を図る目的に出た場合であること、③‐ⅰ摘示された事実がその重要な部分について真実であることが証明されたとき[23]、又は、③‐ⅱその事実を真実と信じたことについて相当の理由があるときには、不法行為は成立しないものとされています（**図 2-2-5**）。

(c)　このことを、名誉権侵害を理由とする開示請求の場面に置き換えると、申立人において、次の主張立証をすることとなります。

　ⅰ　一般人からみて申立人の社会的評価を低下させる内容の投稿であること

　ⅱ　発信者情報の開示を受けるべき正当な理由があること

　ⅲ　真実性・相当性の抗弁が成立していないこと

ⅲについては、上記裁判例の掲げる事由のうち、どこまでを主張立証すべきかが問題となります。これは、発信者の主観など申立人が関知し得ない事情まで申立人に主張・立証責任を負わせることは相当でないことか

---

22)　丸数字等は著者による。
23)　摘示された事実の重要な部分について真実性の証明があれば足りるものと考えられています（最一小判昭和 58 年 10 月 20 日判タ 538 号 95 頁）。

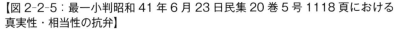

【図 2-2-5：最一小判昭和 41 年 6 月 23 日民集 20 巻 5 号 1118 頁における
真実性・相当性の抗弁】

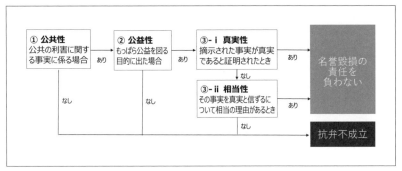

ら、①公共の利害に関する事実に係るものではないこと、②専ら公益を図
る目的に出た場合ではないこと、③-ⅰ摘示された事実が真実ではないこ
と、という違法性阻却事由のうちいずれかが欠けていることについて主張
立証すれば足り、③-ⅱ発信者がその事実を真実と信じたことについて相
当の理由がないこと、という主観的要件に係る阻却事由についてまで主張
立証する必要はないものと考えることができます[24)25)]。

　この③-ⅱ発信者がその事実を真実と信じたことについて相当の理由が
ないことの主張立証まで求めることが相当でないことは、具体的事例を前
提に考えればより明確になります。例えば、「S 社は月 100 時間のサービ
ス残業が常態化している。」との投稿があった場合、S 社としては、従業
員の陳述書や給与の支払調書等を証拠提出することで、③-ⅰ投稿が真実
ではないことの主張立証は可能ですが、発信者がどのような経緯で「月
100 時間のサービス残業が常態化している」ことを真実であると信じたか
は S 社には知りようもないため、③-ⅱの主張立証は極めて困難といえ

24)　本文と同趣旨の裁判例として、東京地判平成 15 年 3 月 31 日判時 1817 号 84 頁、
　　東京高判平成 25 年 10 月 17 日（公刊物未登載。民事保全の実務（上）Q77（378 頁）
　　等。なお、申立人において、真実相当性（本文の③-ⅱ）が欠けていたことについて
　　まで主張立証を行うべきとする裁判例もあります（東京地判平成 20 年 9 月 9 日判時
　　2049 号 40 頁）が、本文に述べた理由から、真実相当性の不存在についてまで主張立
　　証を行うことを求めるのは相当ではないものと考えられます。
25)　逐条解説プロバイダ責任制限法 102 頁以下参照。

ます。そのため、③ - ⅱ発信者がその事実を真実と信じたことについて相当の理由がないこと、という点についてまで主張立証をする必要がないものと考えることが妥当であるといえます。

(2)　発信者情報の開示を受けるべき正当な理由

「発信者情報の開示を受けるべき正当な理由があるとき」とは、発信者情報の開示を請求する者がその発信者情報を入手することについて合理的な必要性が認められるときを意味します。

条文上、「損害賠償請求権の行使のために必要である場合」と定められているように、この要件を充足する典型例は、発信者に対する損害賠償請求権を行使するために発信者情報の開示を受ける必要がある場合です。このほか、発信者に対して、謝罪広告等の名誉回復措置の請求を行う場合、一般民事上及び著作権法上の差止請求を行う場合、削除請求を行う場合などが正当な理由があると認められる具体例です[26]。

なお、発信者情報開示請求権は民事上の請求権として規定されていることから、刑事責任を追及する目的のみを有する場合には、「正当な理由があるとき」という要件は充足しません。もっとも、刑事責任を追及する目的を有していても、損害賠償請求権行使などの目的を有する限り「正当な理由があるとき」という要件は満たすものと考えられます[27]。

このように、民事上の責任追及を行う目的を有する限り正当な理由の要件は充足されるのが通常といえます[28]。

---

26)　逐条解説プロバイダ責任制限法 106 頁以下参照。
27)　この点に関して、「プロバイダ等が発信者情報の開示請求を受けた場合、被害者が発信者の刑事責任を追及する意思を有している場合もあり得るが、被告訴人・被告発人の氏名・住所等が不明であっても告訴、告発は可能なことから、刑事責任の追及は、本条第 1 項第 2 号の『当該発信者情報が当該開示の請求をする者の損害賠償請求権の行使のために必要である場合その他発信者情報の開示を受けるべき正当な理由があるとき』には該当せず、場合によっては警察に相談等を行うよう助言することも考えられる。」とされています（逐条解説プロバイダ責任制限法 108 頁注 15）。

7　特定発信者情報の開示請求権に固有の開示要件

　特定発信者情報の開示請求において、開示対象として想定されているログイン時情報等の通信は、発信者が行ったものであったとしても、それ自体はあるサービスの利用を開始するために必要な手順にすぎないことから、権利侵害性を帯びるものではありません（あるサービスの利用を開始するためのパスワード等を送信する通信を念頭に置けば、それ自体は他人の権利を侵害するものではありません。）。そのため、権利侵害投稿を送信した侵害投稿通信と比較して発信者のプライバシー、表現の自由及び通信の秘密の保護を図る必要性が高いものであるため、特定発信者情報以外の発信者情報と同一の開示要件により開示を可能とするのは適当ではないとの考え方の下、要件が加重されています（図 2-2-6）[29]。

　すなわち、開示要件としては、①権利侵害の明白性及び②発信者情報の開示を受けるべき正当な理由、に加えて、③「次のイからハまでのいずれかに該当するとき」という補充的な要件が必要となります（法 5 条 1 項 3 号）。

　（法 5 条 1 項）

　柱書　　　（略）

　一・二　　（略）

　三　次のイからハまでのいずれかに該当するとき〔補充的な要件〕

　　イ　当該特定電気通信役務提供者が当該権利の侵害に係る特定発信者情報以外の発信者情報を保有していないと認めるとき。

---

28)　（旧）「法 4 条 3 項が、発信者情報の開示を受けた者は、当該発信者情報をみだりに用いて、不当に当該発信者の名誉又は生活の平穏を害する行為をしてはならないと規定していることからすれば、少なくとも、発信者情報の開示請求をしている者に、開示を求めている発信者情報をみだりに用いて、不当に当該発信者の名誉又は生活の平穏を害する行為をする意図があると認められる場合には、発信者情報の開示を受けるべき正当な理由はないと解するのが相当である。」として、具体的事案の下、正当な理由を否定した裁判例があります（東京地判平成 25 年 4 月 19 日 2013WLJPCA04198017）。

29)　一問一答プロバイダ責任制限法 Q18（27 頁）。

　ロ　当該特定電気通信役務提供者が保有する当該権利の侵害に係る
　　　特定発信者情報以外の発信者情報が次に掲げる発信者情報以外の
　　　発信者情報であって総務省令で定めるもののみであると認めると
　　　き。
　　(1)　当該開示の請求に係る侵害情報の発信者の氏名及び住所
　　(2)　当該権利の侵害に係る他の開示関係役務提供者を特定するた
　　　　めに用いることができる発信者情報
　ハ　当該開示の請求をする者がこの項の規定により開示を受けた発
　　　信者情報（特定発信者情報を除く。）によっては当該開示の請求
　　　に係る侵害情報の発信者を特定することができないと認めると
　　　き。

【図 2-2-6：法 5 条 1 項における開示要件の比較】

開示要件	特定発信者情報を含まない発信者情報の開示請求	特定発信者情報の開示請求
権利侵害の明白性（1 号）	必要	必要
開示を受ける正当な理由（2 号）	必要	必要
補充的な要件（3 号）	不要	必要

(1)　補充的な要件：法 5 条 1 項 3 号イ

(a)　補充的な要件の一つが、「当該特定電気通信役務提供者が当該権利
　　の侵害に係る特定発信者情報以外の発信者情報を保有していないと認
　　めるとき」（法 5 条 1 項 3 号イ）です。
　　　これは、開示請求を受けた特定電気通信役務提供者が特定発信者情
　　報以外の発信者情報を保有していない場合（特定発信者情報のみを保有
　　する場合）に特定発信者情報の開示を認めることで、被害救済のため
　　の手段を確保する趣旨です。

　この要件に該当する場合として想定されるのは、例えば、侵害情報の流通している SNS サービスを運営するコンテンツプロバイダが、そのシステム上、個別の投稿が行われた際の通信履歴を保存しておらず、かつ、それ以外の特定発信者情報以外の発信者情報（総務省令 2 条 1 号から 4 号まで及び 14 号）も保有していない場合が挙げられます[30]。このように典型的にはコンテンツプロバイダにおける保有の有無が問題となることから、本書では、「CP 不保有要件」と呼んでいます。

(b)　ここで、「保有していないとき」ではなく、「保有していないと<u>認めるとき</u>」（下線筆者）と規定されているのは、確定的な事実として開示請求の相手方が特定発信者情報以外の発信者情報を保有していないことまでを要する趣旨ではなく、文献等をもとに相手方における一般的な発信者情報の保有状況その他の事情を総合的に勘案して、裁判所（裁判外での請求の場合には開示請求の相手方）が、特定発信者情報以外の発信者情報を保有していないと認めることで足りるという趣旨です[31]。

(c)　さらに、この「発信者情報を保有していない」という要件の該当性を判断する時期については、開示の可否を判断する時点において、開示請求の相手方である開示関係役務提供者が発信者情報を保有しているかどうかによって判断されます。具体的には、裁判外での請求であれば開示関係役務提供者が裁判外での請求に対応して保有の有無を判断するとき、裁判上の請求であれば裁判官が開示の可否を判断するとき（例えば、訴訟手続であれば口頭弁論終結時）です。そのため、例えば、コンテンツプロバイダが投稿時 IP アドレスを保有していたものの、開示命令の申立てが遅くなった等の事情により、事後的に投稿時 IP アドレスがなくなった場合であっても、「発信者情報を保有していない」という要件に該当することとなります[32]。

---

30)　一問一答プロバイダ責任制限法 Q19（28 頁）。
31)　逐条解説プロバイダ責任制限法 108 頁以下参照。

(2)　補充的な要件：法5条1項3号ロ

(a)　補充的な要件は主に法5条1項3号ロへの該当性が問題になるものと考えられますが、「当該特定電気通信役務提供者が保有する当該権利の侵害に係る特定発信者情報以外の発信者情報が次に掲げる発信者情報以外の発信者情報であって総務省令で定めるもののみであると認めるとき」（3号ロ）に特定発信者情報の開示を認めるものです。

　　これは、開示請求を受けた特定電気通信役務提供者が「特定発信者情報以外の発信者情報」（例：電子メールアドレス）を保有している場合には同号イの要件を満たさないこととなりますが、このような場合であっても、当該特定電気通信役務提供者の保有する情報が発信者の氏名及び住所並びに他の開示関係役務提供者を特定するために用いることができる発信者情報以外のものである場合には、これらを用いることによっては発信者を特定できない結果に終わる可能性が一般的に高いものと考えられます。

　　そこで、一定の場合には「特定発信者情報」の開示を受けられるようにしたものです[33]。これは、一定の場合には「特定発信者情報以外の発信者情報」を保有していたとしても補充的な要件を満たすものとして取り扱うことから、同号イの要件を緩和したものといえます。

(b)　この一定の場合とは、同号(1)、同(2)及び総務省令4条で定められています。具体的には、開示請求を受けた特定電気通信役務提供者の保有している「特定発信者情報以外の発信者情報」が、以下の(i)から(iv)までの情報のみであるときには、同号ロに該当することとなります。

　　(i)　「発信者その他侵害情報の送信又は侵害関連通信に係る者の氏名

---

32)　令和3年改正法の国会審議において、「発信者情報を保有していない」とは、いつの時点で保有していないということを指しているのかという質疑に対して、「五条一項三号イの発信者情報を保有していないへの該当については、開示の可否を判断する時点において、当該プロバイダーが発信者情報を保有しているかどうかによって判断されるものでございます。」との答弁がなされています（「第204回国会衆議院総務委員会議事録第13号」（2021年4月8日）11頁（竹内芳明政府参考人（総務省総合通信基盤局長）答弁））。

33)　一問一答プロバイダ責任制限法Q20（29頁）。

又は名称」（総務省令2条1号）と「発信者その他侵害情報の送信又は侵害関連通信に係る者の住所」（同条2号）のいずれか一方であるとき（例えば、コンテンツプロバイダが発信者の氏名のみを有する場合には同号ロの要件を満たしますが、氏名及び住所を有する場合には同号ロの要件を満たさないと考えることができます。）。

(ii) 「発信者その他侵害情報の送信又は侵害関連通信に係る者の電話番号」（同条3号）

(iii) 「発信者その他侵害情報の送信又は侵害関連通信に係る者の電子メールアドレス」（同条4号）[34]

(iv) 「侵害情報が送信された年月日及び時刻」（タイムスタンプ。同条8号）

(c) したがって、例えば、投稿時IPアドレスを保有していないコンテンツプロバイダが、アカウント情報として上記の電話番号や電子メールアドレスを保有している場合であっても、ロの補充的な要件を満たすものとして、ログイン時IPアドレス等の開示請求をすることができることとなります（総務省令2条9号）。

なお、条文上、「総務省令で定めるもののみであるとき」ではなく、「総務省令で定めるもののみであると認めるとき」（下線筆者）とあるのは、確定的な事実として開示請求の相手方であるプロバイダ等が保有している情報が総務省令で定めるもののみであることまでを要する趣旨ではなく、文献に記載された当該プロバイダ等における一般的な発信者情報の保有状況その他の事情を総合的に勘案して、保有している発信者情報が総務省令で定めるもののみであると認められることで足りるとする趣旨です[35]（図2-2-7）。

---

34) 一般に、電子メールアドレスのみの開示を受けても、発信者を特定することは困難であるといえます。
35) 逐条解説プロバイダ責任制限法109頁以下参照。

【図2-2-7：補充的な要件（法5条1項3号イ、ロ及びハの関係）】

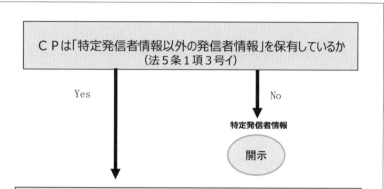

ＣＰは「特定発信者情報以外の発信者情報」を保有しているか
（法5条1項3号イ）

Yes

No

特定発信者情報

開示

保有する「特定発信者情報以外の発信者情報」が次に掲げる発信者情報以外の発信者情報であって総務省令で定めるもののみであるか（法5条1項3号ロ、総務省令4条）。
・発信者その他侵害情報の送信又は侵害関連通信に係る者の氏名又は名称及び住所のいずれか一方のみ
・発信者その他侵害情報の送信又は侵害関連通信に係る者の電話番号
・発信者その他侵害情報の送信又は侵害関連通信に係る者の電子メールアドレス
・侵害情報が送信された年月日及び時刻

Yes

No

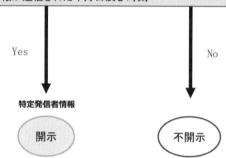

特定発信者情報

開示

不開示

※CPから「特定発信者情報以外の発信者情報」の開示を受けたものの、これによっては発信者を特定することができないと認めるときは、法5条1項3号ハによる「特定発信者情報」の開示がある。

(3)　補充的な要件：法5条1項3号ハ

(a)　3号ハは、「当該開示の請求をする者がこの項の規定により開示を

受けた発信者情報（特定発信者情報を除く。）によっては当該開示の請求に係る侵害情報の発信者を特定することができないと認めるとき。」（法5条1項3号ハ）に特定発信者情報の開示を認めるものです。

　これは、法5条1項の規定による開示請求により、投稿時IPアドレス及びタイムスタンプ等の発信者情報（特定発信者情報を除く。）の開示を受けた者が、開示を受けた発信者情報によっては侵害情報の発信者を特定することができないと認めるときには、特定発信者情報の開示を認めることで、被害救済のための手段を確保する趣旨です。

　同号ハに該当する例としては、例えば、コンテンツプロバイダから投稿時のIPアドレス及びタイプスタンプを裁判外で開示された者が、この発信者情報をもとに、経由プロバイダに対して発信者の氏名及び住所の開示を請求したところ、当該経由プロバイダから「提供された情報から特定することのできる氏名及び住所はない」旨の回答を受けた場合が考えられます。かかる場合には、開示を受けた特定発信者情報以外の発信者情報を用いて発信者を特定できないことが判明したといえるからです。したがって、このような場合には、コンテンツプロバイダに対してログイン時IPアドレス等の特定発信者情報の開示を請求することができることになるものと考えられます[36]。

(b)　また、特定発信者情報の要保護性を考慮して、法5条1項3号ハでは、「開示を受ける」ではなく、「開示を受けた」（下線筆者）として、現実に発信者情報（特定発信者情報を除く。）の開示を「受けた」ことを要するものとされています[37]。

(c)　さらに、「特定することができないとき」ではなく、「発信者を特定

---

36)　一問一答プロバイダ責任制限法 Q22（31頁）。
37)　同号ハには、「開示を受けた」方法についての制約はないことから、開示命令による方法に限らず、裁判外での開示、仮処分手続及び訴訟手続を通じた「開示を受けた」場合を含むものと考えることができます。なお、提供命令に基づいてコンテンツプロバイダから「発信者情報を保有していないため他の開示関係役務提供者を特定できない」という提供が申立人になされた場合、かかる提供をもって同号ハに該当するかが問題となり得ます。これは、同号ハの文言上「開示を受ける」ではなく、「開示を受けた」とあるように、実際に開示がされた場合に限定する趣旨ですので、提供命令により提供を受けたにすぎない以上、同号ハには該当しないものと考えることができます。

することができないと認めるとき」（下線筆者）と規定されているのは、典型的には実際に特定できなかったことを意味するものの、実際に開示を「受けた」情報ではおよそ特定することができないような場合には、実際に特定できなかったことまでは要しないとする趣旨であると考えられます。例えば、コンテンツプロバイダから投稿時IPアドレスのみの開示を受けた場合（タイムスタンプは不保有）には、当該投稿時IPアドレスのみを経由プロバイダに提供したとしても発信者の氏名及び住所の特定が困難であると考えられることから、このような場合には実際に経由プロバイダに対して開示請求を行い「不特定」との回答を取得しなくともハに該当するものと考えることができます。

(d)　なお、同号ハでは「この項の規定により開示を受けた発信者情報（特定発信者情報を除く。）」（下線筆者）として、開示を受けた対象となる発信者情報から「特定発信者情報」が除外されていることから、一度、特定発信者情報の開示を受けた場合には、同号ハによる再度の開示請求はできないこととなります。

8　開示の対象となる発信者情報

(1)　発信者情報の範囲

発信者情報開示請求権における開示の対象となる発信者情報については、「氏名、住所その他の侵害情報の発信者の特定に資する情報であって総務省令で定めるもの」とされています（法2条6号）。

この「発信者の特定に資する情報」とは、発信者を特定（識別）するために参考となる情報一般を意味します。もっとも、参考となる情報の全てが発信者情報に含まれるものではなく、そのうち、発信者を特定し、何らかの連絡を行うのに合理的に有用と認められる情報が、総務省令2条において限定列挙されているものです[38]。

---

38)　逐条解説プロバイダ責任制限法34頁以下。

　ここで、発信者の特定に資する情報であれば幅広く開示を請求すること
のできる包括条項ではなく、限定列挙方式が採用されているのは、被害者
の権利行使の観点からは開示される情報の範囲は広くすることが望ましい
と考えられる一方で、発信者情報は個人のプライバシーに深く関わる情報
であって、通信の秘密として保護される事項であることに鑑みると、被害
者の権利行使にとって有益ではあるが不可欠ではない情報や、高度のプラ
イバシー性があり、開示をすることが相当とはいえない情報まで開示の対
象とすることは許されないことを勘案したためとされています[39]。

(2)　発信者情報の具体的内容

　開示対象となる「発信者情報」とは、「特定発信者情報」を含む概念で
あり、「特定発信者情報」は「特定発信者情報……以外の発信者情報」（法
5条1項柱書）とあることからも分かるように、「発信者情報」に含まれる
ものです[40]。総務省令2条において、具体的に定められています。

(a)　「特定発信者情報以外の発信者情報」（総務省令2条1号から8号、14号）

①「発信者その他侵害情報の送信又は侵害関連通信に係る者の氏名又は
　名称」

②「発信者その他侵害情報の送信又は侵害関連通信に係る者の住所」

③「発信者その他侵害情報の送信又は侵害関連通信に係る者の電話番
　号」

④「発信者その他侵害情報の送信又は侵害関連通信に係る者の電子メー
　ルアドレス」（SMTP方式）

⑤「侵害情報の送信に係るIPアドレス[41]及びこれと組み合わされたポー
　ト番号」

⑥「侵害情報の送信に係る移動端末設備からのインターネット接続サー
　ビス利用者識別符号」

⑦「侵害情報の送信に係るSIM識別番号」

---

39)　一問一答プロバイダ責任制限法Q25（34頁）。
40)　「特定発信者情報以外の発信者情報」とは、令和3年改正前の法の下における「発
　信者情報」に相当する概念となります。

⑧「⑤から⑦に対応するタイムスタンプ」

⑭「発信者その他侵害情報の送信又は侵害関連通信に係る者についての利用者管理符号」

　これらのうち、①から④までは契約者情報等として保有されている情報[42]であり、⑤から⑧までは侵害情報の送信に係る情報であるといえます。また、⑭の「利用者管理符号」は、複数の経由プロバイダが介在する多層構造となっている場合において、経由プロバイダ間で契約者の特定に用いられる情報であるといえます（とくに多層構造の場合における提供命令において活用することを意識したものと考えることができます）。

(b)　「特定発信者情報」（総務省令2条9号から13号）

⑨「専ら侵害関連通信に係るIPアドレス及びこれと組み合わされたポート番号」

⑩「専ら侵害関連通信に係る移動端末設備からのインターネット接続サービス利用者識別符号」

⑪「専ら侵害関連通信に係るSIM識別番号」

⑫「専ら侵害関連通信に係るSMS電話番号」

⑬「⑨から⑫に対応するタイムスタンプ」

　これらは、専ら侵害関連通信に係る情報が総務省令2条により発信者情報として列挙され、その3条において、特定発信者情報として定められたものです。

　これらのうち、⑨「専ら侵害関連通信に係るIPアドレス」とはログイン時のIPアドレス等であり（具体的な侵害関連通信の範囲については本節・

---

41)　旧総務省令4号における「侵害情報に係るアイ・ピー・アドレス」については、接続先IPアドレスが含まれるものと考えられていました。すなわち、「接続先IPアドレスは、接続先か接続元かの違いはあるものの、『侵害情報に係るアイ・ピー・アドレス』であることには変わりないことから、現行省令に定める『侵害情報に係るアイ・ピー・アドレス』に含まれると解して差し支えないものと考えられる。」との解釈が示されていました（総務省発信者情報開示の在り方に関する研究会「中間とりまとめ」（2020年8月）14頁以下）。

42)　令和3年改正後の法の下において、特定発信者情報の開示請求及び関連電気通信役務提供者を相手方とする開示請求が可能となったことに伴い、侵害関連通信が大学や企業から行われた場合における当該大学や企業の名称及び住所等を開示の対象とするため、「その他侵害情報の送信又は侵害関連通信に係る者」（総務省令2条1号から4号）という文言が設けられています。

【図2-2-8：発信者情報】

発信者情報（法2条6号、総務省令2条）

※法5条1項1号及び2号の要件（又は同条2項1号及び2号）を満たす場合に開示

①　発信者その他侵害情報の送信又は侵害関連通信に係る者の氏名又は名称

②　発信者その他侵害情報の送信又は侵害関連通信に係る者の住所

③　発信者その他侵害情報の送信又は侵害関連通信に係る者の電話番号

④　発信者その他侵害情報の送信又は侵害関連通信に係る者の電子メールアドレス（SMTP方式）

⑤　侵害情報の送信に係るIPアドレス及びこれと組み合わされたポート番号

⑥　侵害情報の送信に係る移動端末設備からのインターネット接続サービス利用者識別符号

⑦　侵害情報の送信に係るSIM識別番号

⑧　⑤から⑦に対応するタイムスタンプ

特定発信者情報（総務省令2条、3条）

⑨　専ら侵害関連通信に係るIPアドレス及びこれと組み合わされたポート番号

⑩　専ら侵害関連通信に係る移動端末設備からのインターネット接続サービス利用者識別符号

⑪　専ら侵害関連通信に係るSIM識別番号

⑫　専ら侵害関連通信に係るSMS電話番号　※法5条1項1号から3号の要件を満たす場合に開示

⑬　⑨から⑫に対応するタイムスタンプ

⑭　発信者その他侵害情報の送信又は侵害関連通信に係る者についての利用者管理符号

3・(2)）、⑫「専ら侵害関連通信に係るSMS電話番号」とは、SNS等のログイン型サービスにおいては、SMS認証等によるアカウント認証が行われることがあるところ、SMS認証の際に用いられた電話番号を特定発信者情報として定めたものです[43]（図2-2-8）。

9　発信者情報の保存期間

　前述のように、開示の請求の対象となる発信者情報は、総務省令において様々なものが限定列挙されています。そのうちのIPアドレス等のアクセスログの保存期間は、事業者によって違いはあるものの、概ね3か月程度といわれています[44]。

　こうしたアクセスログについては、法律上保存が義務付けられているも

43)　山根祐輔「『特定電気通信役務提供者の損害賠償責任の制限及び発信者情報の開示に関する法律施行規則』の解説」NBL1220号（2022年）4頁。

44)　仮処分の実務Q22（124頁）。なお、アクセスログの保存は義務付けられていないため、3か月よりも短い保存期間の事業者も存在することに注意が必要です。

のではなく、通信の構成要素であることから、通信の秘密として保護される対象であり（電気通信事業法 4 条 1 項）、また、プライバシー等の観点からアクセスログについては業務上の必要がなくなった場合には遅滞なく消去するよう努めなければならないものとされています。この点については、例えば、個人情報の保護に関する法律 22 条において、「個人情報取扱事業者は、利用目的の達成に必要な範囲内において、個人データを正確かつ最新の内容に保つとともに、利用する必要がなくなったときは、当該個人データを遅滞なく消去するよう努めなければならない。」と定められているほか、電気通信事業における個人情報保護に関するガイドライン（令和 4 年 3 月 31 日個人情報保護委員会・総務省告示第 4 号）11 条 1 項において「電気通信事業者は、個人データ（通信の秘密に係るものを除く。以下この条において同じ。）を取り扱うに当たっては、利用目的に必要な範囲内で保存期間を定め、当該保存期間経過後又は利用する必要がなくなった後は、当該個人データを遅滞なく消去するよう努めなければならない。ただし、次に掲げる場合はこの限りでない。」、同条 2 項において「電気通信事業者は、利用者の同意がある場合その他の違法性阻却事由がある場合を除いては、通信の秘密に係る個人情報を保存してはならず、保存が許される場合であっても利用目的達成後においては、その個人情報を速やかに消去しなければならない。」などと定められています。

第3節　発信者の権利利益の保護

　発信者情報の開示は、発信者のプライバシー、表現の自由及び通信の秘密という重大な権利利益に関する問題である上、その性質上、いったん開示されてしまうとその原状回復は不可能であることから、発信者の権利利益の保護を図る必要があります。

　そこで、権利侵害の明白性要件等の開示要件を設けることで発信者の権利を不当に侵害する開示がされることのないようにするほか、次の規定により、発信者の権利利益の保護が図られています。

① 　開示請求を受けた開示関係役務提供者の発信者に対する意見聴取義務（法6条1項）

② 　開示命令があった場合における開示関係役務提供者の意見聴取手続において不開示意見を述べた発信者に対する通知義務（法6条2項）

③ 　発信者情報の開示を受けた者及び提供命令により発信者情報の提供を受けた他の開示関係役務提供者の濫用禁止義務（法7条、法6条3項）

　また、法は、上記①のように、意見聴取手続を通じた発信者の利益擁護等を開示関係役務提供者に要請しています（法6条1項）。開示関係役務提供者が、この要請に応えた結果として、裁判外における開示請求に応じなかった場合、仮に事後的にその判断が誤っていたことが明らかとなったとしても、それにより生じた損害賠償責任を一般則により当該開示関係役務提供者に負担させることは酷であるとして、政策的に、故意又は重大な過失がある場合でなければ損害賠償の責めに任じないものとしています（法6条4項）。

1　発信者に対する意見聴取手続

(1)　発信者に対する意見聴取義務とその趣旨

　開示関係役務提供者は、発信者情報の開示請求を受けたときには、発信

者に対して、開示の請求に応じるかどうかについて意見を聴かなければならないものとされています（法6条1項）（図2-3-1）。

　この発信者から聴取しなければならない意見とは、①単に発信者情報の開示に応じるかどうかという「同意 or 不同意」の意見だけではなく、②応じるべきではないとの意見である場合（①において不同意意見であった場合。）には、その理由も含むものです[45)46)]。

　このような意見聴取義務[47)] が規定されたのは、発信者情報の開示が発信者のプライバシー、表現の自由及び通信の秘密といった諸利益に関わる問題であるところ、その開示について実質的な利害を有しているのは発信者であることから、開示関係役務提供者における開示請求に関する対応にあたり、こうした発信者の諸利益が不当に侵害されることのないようにするためです。

　開示関係役務提供者は、この意見聴取に対して、発信者が開示に応じる旨の意見を述べた場合には、開示の請求に応じることとなります。他方で、発信者が開示に応じるべきではない旨の意見を述べた場合には、当該意見を踏まえて、開示に応じる／開示に応じないという判断をすることとなります[48)]。

---

45)　令和3年の改正前の法の下では①開示に応じるかどうかという意見のみが聴取事項であったところ、「発信者の権利利益を確保し、開示関係役務提供者による適切な対応を促す観点から」令和3年の改正法により②不同意意見である場合にはその理由も聴取事項であるとされました（一問一答プロバイダ責任制限法 Q28（37頁））。
46)　特定発信者情報の開示要件は権利侵害の明白性及び開示すべき正当な理由に加えて、補充的な要件が加重されていますが、補充的な要件の充足性については発信者の意見を必ずしも必要とするものではないことから、「特定発信者情報以外の発信者情報」の開示請求と「特定発信者情報」の開示請求の場合とで、意見聴取事項に差異はないものと考えることができます。
47)　発信者の意見を聴く手続については、意見照会と呼ばれることもありますが、令和3年の改正により設けられた法6条2項において「意見の聴取」との文言が用いられたことから、本書では意見照会ではなく意見聴取と呼ぶこととしています。
48)　逐条解説プロバイダ責任制限法 121頁以下参照。

【図2-3-1：意見聴取手続】

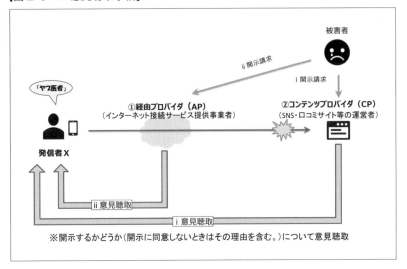

(2)　意見聴取義務が例外的に免除される場合

　この意見聴取義務は、絶対的なものではなく、「開示の請求に係る侵害情報の発信者と連絡することができない場合その他特別の事情がある場合」には、例外的に免除されるものです（法6条1項）。

　「開示の請求に係る侵害情報の発信者と連絡することができない場合その他特別の事情がある場合」にいう「できない場合」とは、発信者と連絡することが客観的に不能な場合を意味し、合理的に期待される手段を尽くせば連絡をとることが可能であるときには義務が免除される場合には該当しないとされています[49]。

　また、「その他特別の事情がある場合」とは、例えば、開示の請求が被侵害利益を全く特定せずに行われた場合等、開示要件を満たさないことが一見して明白であるようなときも含むものとされています[50]。

---

49)　逐条解説プロバイダ責任制限法121頁。

(3)　意見聴取の方法等

　発信者に対する意見聴取の具体的方法については、法に詳細な定めがありませんが、意見聴取の趣旨に鑑み、開示関係役務提供者がとることのできる適切な方法を選択すればよいものと考えられます[51]。

　なお、開示命令と同時に提供命令が申し立てられている場合において、コンテンツプロバイダが経由プロバイダとともに発信者に対する意見聴取を行うこととして、経由プロバイダが特定されるまで意見聴取を行わないことが許容されるかが問題になり得るものと考えられます。例えば、コンテンツプロバイダ Y1 に対する開示命令の申立てと同時に提供命令の申立てがなされ、提供命令が発令された場合において、Y1 が特定した他の開示関係役務提供者である Y2（経由プロバイダを想定）とともに、連名で、発信者に対する意見聴取を行うことが許容されるのかというものです。

　前述の意見聴取の趣旨からすると、開示関係役務提供者は「開示の請求を受けたとき」は、速やかに、発信者に対する意見聴取を行うことが必要であると考えることができることから、Y1 が発信者に対する意見聴取を実施できるにもかかわらず、これを敢えて遅滞させることは意見聴取義務に反する可能性があるものと考えられます。

　また、コンテンツプロバイダ Y1 と経由プロバイダ Y2 の保有する発信者情報が重複しない限り、Y1 と Y2 とが連名で意見聴取を行うことができないものと考えられることから、意見聴取時期の点は別として、連名での意見聴取を行うことのできる場面は限られているといえます[52]。

---

50)　逐条解説プロバイダ責任制限法 121 頁。なお、意見聴取がなされる場合、発信者には心理的な負担が生じるおそれがあることから、言論を萎縮させる目的で開示請求権が濫用された場合には、意見聴取を実施しなくてよい「その他特別の事情がある場合」に該当する可能性があります。もっとも、この場合に該当するかの判断を開示関係役務提供者において行うことは多くの場合困難を伴うものと考えられるため、原則として意見聴取を行うのが適当であり、意見照会が不要と考えられる事例の積み重ねによりプロバイダ責任制限法発信者情報開示関係ガイドラインへの追記を検討していくことが望ましいとの指摘があります（「発信者情報開示の在り方に関する研究会最終とりまとめ」（2020 年 12 月）23 頁以下参照）。

51)　この点に関連して、発信者情報開示関係ガイドラインは、「発信者情報開示に係る意見照会書」の書式を定めています（第3章・第 14 節参照）。

2　開示命令を受けた旨の発信者に対する通知義務

(1)　発信者に対する通知義務とその趣旨

　開示関係役務提供者は、開示命令を受けたときは、原則として、意見聴取において開示の請求に応じるべきでない旨の意見（不開示意見）を述べた発信者に対して、遅滞なく「その旨」（開示命令を受けた旨）を通知しなければならない、とされています（法6条2項）。

　これは令和3年改正により新たに設けられた義務ですが、発信者が意見聴取において不開示意見を述べた場合には、その意見をもとに開示関係役務提供者が裁判で争うことが想定される点で、当該発信者はその裁判に事実上関与しているものといえます。そこで、このような場合、開示関係役務提供者には、条理上、開示命令があったときはその旨の通知をすべき義務が生じることになると考えられることから、この条理上負うべき義務を明確化するものであるといえます。

　このようにして、開示命令があったことを当該発信者に対して遅滞なく知らせることで、後続の損害賠償請求訴訟等への準備（例えば、自らの主張の根拠を補強するため更なる証拠収集を行うことなど。）を前もって行うことを可能とするものです[53]。

---

52)　コンテンツプロバイダは発信者の氏名及び住所を保有していない場合が多いところ、経由プロバイダと連名で意見聴取を行うためには、経由プロバイダからこれらの情報の提供を受ける必要があります。しかし、意見聴取の場面において、こうした発信者情報をコンテンツプロバイダに対して提供することを許容する規定はありません。そのため、連名での意見聴取は、コンテンツプロバイダと経由プロバイダとが、氏名及び住所などの情報をともに保有している場合に限られるものといえます。令和3年改正前の法の下では、コンテンツプロバイダに対する開示請求に基づく開示がなされた後に、経由プロバイダに対する開示請求が行われることが一般的であることから、こうした事項は生じていなかったものです。

53)　裁判所による開示命令を受け入れるか否かの判断は、開示命令手続における当事者である開示関係役務提供者が行うものです。そのため、通知を受けた発信者から異議の訴えを提起してほしいという連絡があったとしても、その意向に従って異議の訴えを提起するまでの義務はないものと考えられています（一問一答プロバイダ責任制限法 Q23（32頁）。）。

(2)　通知義務が例外的に免除される場合

　もっとも、この通知義務は「発信者に対し通知することが困難であるとき」には、例外的に免除されます

　「発信者に対し通知することが困難であるとき」とは、発信者に開示命令を受けた旨の通知をするのが客観的に不能である場合を意味するものです。例えば、発信者が連絡先を変更したにもかかわらず、開示関係役務提供者に対して連絡先変更の連絡を行っていないために、当該開示関係役務提供者が連絡を取ろうとしても取ることができない場合が、これに該当するものです[54]。

(3)　通知義務の対象

　「開示関係役務提供者は、<u>発信者情報開示命令を受けたときは（中略）開示の請求に応じるべきでない旨の意見を述べた</u>当該発信者情報開示命令に係る侵害情報の発信者に対し、遅滞なくその旨を通知しなければならない。」（法6条2項。下線筆者）と定められているように、通知義務の対象となるのは、発信者が意見聴取において不開示意見を述べた場合において、裁判所が開示命令を発令したときに限られます（図2-3-2）[55]。

　そのため、例えば、①民事保全手続において発信者情報の開示仮処分決定がなされた場合、②民事訴訟手続において発信者情報の開示判決がなされた場合、③開示命令手続において開示の請求を却下する旨の決定がなされた場合、④開示命令手続において開示命令が発令されたものの意見聴取において発信者が不同意意見を述べていない場合[56]、⑤異議の訴えにおいて開示を認めることが相当である旨の判決がなされた場合、⑥裁判上の和解に基づいて発信者情報の開示がなされた場合及び⑦裁判外での開示請求

---

54)　逐条解説プロバイダ責任制限法125頁、一問一答プロバイダ責任制限法Q33（42頁）。
55)　通知義務の対象が限定されている理由は、一問一答プロバイダ責任制限法Q31（40頁）。
56)　発信者が不同意意見を述べていない場合とは、例えば、「発信者と連絡することができない場合その他特別の事情がある場合」（法6条1項）のほか、発信者に連絡をしたものの応答がない場合があるものと考えられます。

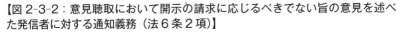

【図2-3-2：意見聴取において開示の請求に応じるべきでない旨の意見を述べた発信者に対する通知義務（法6条2項）】

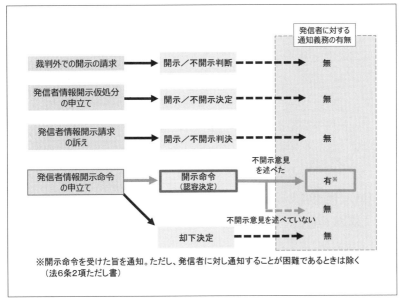

により発信者情報の開示がなされた場合など[57]には、通知義務は生じないこととなります。

3　開示を受けた者の義務

　発信者情報の開示を受けた者は、一定の民事上の義務を負うこととなります（法7条）。具体的には、発信者情報開示請求権の行使[58]により発信者情報の開示を受けた者は、「当該発信者情報をみだりに用いて、不当に当該発信者情報に係る発信者の名誉又は生活の平穏を害する行為をしては

---

57)　具体例については、高田裕介ほか「『プロバイダ責任制限法の一部を改正する法律』（令和3年改正）の解説」NBL1201号（2021年）4頁以下参照。
58)　法7条は発信者情報開示請求権の行使によって発信者情報の開示を受けた者に課される義務を定めたものであり、裁判上又は裁判外の開示請求権の行使であるかを問わずその義務が及ぶものです。

ならない」とされています。

　これは、発信者に対する損害賠償請求権の行使等の法律上認められた被害回復手段をとる目的以外の目的で発信者情報を用いることにより、不当に発信者の名誉又は生活の平穏を害する行為をしてはならないという濫用禁止義務を定めるものです。

　この義務に違反した場合には、名誉権侵害等の不法行為を構成することがあり、発信者からその責任を追及される可能性があります[59]。

　なお、後述の提供命令に基づき発信者情報の提供を受けた開示関係役務提供者は、法7条が定める発信者情報の開示を受けた者の義務と類似の義務を負っています（法6条3項。→第3章・第9節・5参照。）

4　開示関係役務提供者が発信者情報の開示請求に応じない場合の免責規定

　開示関係役務提供者は、発信者情報の開示請求（法5条1項又は2項）に応じないことにより開示請求者に生じた損害については、自らが発信者である場合を除き、故意又は重大な過失がある場合でなければ、損害賠償の責めに任じないとして、非開示の場合における軽過失免責を定めています（法6条4項）。

　発信者情報は、一旦開示されてしまうと、その原状回復は不可能であるという性質を有すること等から、法は、意見聴取手続を通じた発信者の利益擁護等を開示関係役務提供者に要請している（法6条1項）。このような要請に応えた結果として、裁判外において発信者情報の開示請求を受けた開示関係役務提供者が、発信者情報を開示することについて慎重となり、開示に応じなかった場合、仮に事後的にその判断が誤っていたことが明らかとなったとしても、それにより生じた損害賠償の責任を一般則に従って当該開示関係役務提供者に帰することとするのは酷に失するといえます。そこで、政策的に、故意又は重大な過失がある場合でなければ損害賠償の責めに任じないとしたものです。

　ここでいう故意又は重大な過失は、開示を求める者が発信者情報開示請

---

59)　逐条解説プロバイダ責任制限法131頁。

求権の要件を具備していることについて必要とされます。具体的には、特定発信者情報以外の発信者情報開示請求権（法5条1項）については権利侵害の明白性及び正当な理由について必要とされ、令和3年改正により創設された特定発信者情報開示請求権（法5条2項）については権利侵害の明白性及び正当な理由のほか、補充性要件を具備していることについても必要とされるものと考えることができます[60]。

【コラム2：発信者に対して意見聴取を行わない旨の事前の合意がある場合】

　意見聴取手続は、プロバイダにとって一定の負担感のある手続です。そこで、負担を軽減するため、例えば、利用規約において意見聴取を行わないことに同意する旨の条項を設けるなど、開示の請求がなされた場合であっても、発信者に対して、意見聴取を行わない旨の事前の合意を設けることも考えられます。こうした場合、開示関係役務提供者は意見聴取義務を免れるのでしょうか。

　法6条1項の趣旨は、開示の請求を受けた開示関係役務提供者は、発信者のプライバシーや表現の自由等、発信者の権利利益が不当に侵害されることのないよう、発信者への意見聴取義務を課すものです。そして、開示関係役務提供者は、この意見聴取を通じて、個別の開示請求に対して、適切な対応をとることができることとなります。

　このような趣旨に鑑みれば、上記合意により意見聴取を不要としたのでは、開示関係役務提供者による発信者の意見を踏まえた上での個別具体的な対応は事実上不可能になるものといえます。したがって、上記の合意があったとしても、開示関係役務提供者は意見聴取義務を免れるものではないと考えるのが適切ではないでしょうか。

---

60)　逐条解説プロバイダ責任制限法 127 頁以下。なお、令和 3 年改正前の法の下において、最高裁は「開示関係役務提供者は、侵害情報の流通による開示請求者の権利侵害が明白であることなど当該開示請求が同条〔法 4 条〕1 項各号所定の要件のいずれにも該当することを認識し、又は上記要件のいずれにも該当することが一見明白であり、その旨認識することができなかったことにつき重大な過失がある場合にのみ、損害賠償責任を負うものと解するのが相当である。」と判示しています（最三小判平成 22 年 4 月 13 日民集 64 巻 3 号 758 頁）。

第3章

発信者情報の開示
請求に関する裁判
手続（非訟手続）

第 1 節　発信者情報の開示請求に関する裁判手続（非訟手続）

1　令和 3 年改正前の法の下における課題及び令和 3 年の改正法による対応

⑴　令和 3 年改正前の法の下における課題

令和 3 年改正前の法の下では、発信者情報の開示請求は裁判上で行われることが多いところ[1]、発信者情報の開示請求は、開示要件の該当性判断が容易な事案からその判断を慎重な手続により行うことが適当な事案まで様々であり、また、発信者が開示請求の時点でどの程度争うかも事案により様々です。こうしたところ、裁判による発信者情報の開示（発信者の氏名及び住所等）は、一律に訴訟手続を要するため、次のような課題を生じさせていました[2]。

i 開示要件の判断が困難でない事案や当事者対立性の高くない事案があるにもかかわらず、事案の内容にかかわらず、常に訴訟手続によらなければならないというのは、迅速な被害者救済の妨げになっているという課題（課題①）

また、発信者を特定するためには、通常、コンテンツプロバイダに対する発信者情報開示仮処分の申立てを行い、認容決定を受けた後、経由プロバイダに対する発信者情報開示請求訴訟を提起し、認容判決を取得するという、少なくとも二段階の手続を経ることが必要でした。こうした二段階

---

1 ）「権利侵害に該当するか否かの判断が困難なケースとともに、権利侵害が明白と思われる場合であっても、実務上、発信者情報がプロバイダから裁判外で（任意に）開示されることはそれほど多くない」との実務関係者からの指摘があります（「発信者情報開示の在り方に関する研究会　最終とりまとめ」（2020 年 12 月）4 頁参照）。

2 ）　令和 3 年改正前の法の下での課題及び対応については、高田裕介ほか「『プロバイダ責任制限法の一部を改正する法律』（令和 3 年改正）の解説」NBL1201 号（2021年）4 頁や中山康一郎「令和 3 年プロバイダ責任制限法改正の概要」時の法令 2142号（2022 年）51 頁を参照。

の手続を経ることは次のような課題も生じさせていました。

　ⅱ　コンテンツプロバイダに対する仮処分手続を行っている間に経由プ
　　　ロバイダの保有する発信者情報（アクセスログ）が消去されるおそ
　　　れがあり、消去された場合には発信者の特定が困難となるという課
　　　題（課題②）

　ⅲ　コンテンツプロバイダに対する仮処分手続と経由プロバイダに対す
　　　る訴訟手続とで、同一の投稿について同一の開示要件への該当性を
　　　二度審理することとなるため、迅速な被害者救済の妨げになってい
　　　るという課題（課題③）

(2)　課題への対応

　これらの課題を踏まえて、改正法では、次のような対応がなされました
（図3-1-1）。

(a)　課題①に対する対応

　課題①を踏まえ、事案ごとの開示要件の判断困難性や当事者対立性に応
じて、裁判の審理を簡易迅速に行うことができるようにするため、実体法
上の開示請求権を前提に、その行使方法として、従前の裁判外での行使及
び訴訟手続による行使に加えて、非訟手続による行使が可能となりまし
た。これが開示命令手続（非訟手続）となります（→詳細については**本章・
第2節・1**を参照）。

　訴訟事件の手続にはない非訟事件の手続の特徴としては、(ⅰ)処分権主義
の制限、(ⅱ)職権探知主義、(ⅲ)非公開主義及び(ⅳ)簡易迅速主義が挙げられま
す。開示命令事件は発信者情報（IPアドレス等）の保存期間との兼ね合い
からとくに迅速に事件を処理することが求められる類型であることから、
こうした特徴のうち、(ⅳ)簡易迅速主義（訴訟手続に比べて簡易な手続により
事件の迅速処理を図ることができるようにしたもの。）に着目し、発信者情報
開示請求権を非訟事件である開示命令手続において審理・判断できるもの
としたものです。

(b)　課題②及び③に対する対応

　課題②及び③を踏まえ、裁判所が、コンテンツプロバイダに対する開示
命令の申立てをした者の申立てにより、開示命令より緩やかな要件の下、

【図 3-1-1：令和 3 年改正前の法の下における主な課題と対応】

課　題	対　応
○常に訴訟手続によらなければならないというのは、迅速な被害者救済の妨げになっている（課題①） ・発信者の氏名及び住所等を裁判上請求する場合には、訴訟手続が必要となる。	発信者情報開示命令の創設（法8条） ・事案に応じた裁判の審理を簡易迅速に行うことができるようにするために創設されたものである。
○通常発信者の特定に少なくとも二段階の裁判手続が必要 ・コンテンツプロバイダに対する仮処分手続を行っている間に経由プロバイダの保有する発信者情報（アクセスログ）が消去されるおそれ（課題②） ・同一の投稿について同一の開示要件への該当性を二度審理することとなるため、迅速な被害者救済の妨げになっている（課題③）	提供命令及び消去禁止命令の創設 （法15条、法16条） ・開示命令並びに提供命令及び消去禁止命令を利用することで、一体的な解決が可能となる場合がある。

※これらのほか、特定発信者情報の開示請求権を創設することにより開示請求の対象の範囲を拡大するなどの対応がなされている（法5条1項柱書）。

コンテンツプロバイダに対して、当該コンテンツプロバイダが保有するIPアドレス等により特定される経由プロバイダの氏名等情報を申立人に提供すること等を命じる提供命令の発令が可能となりました。これにより、申立人は、コンテンツプロバイダからIPアドレス等の開示を待たずして、経由プロバイダに対する開示命令の申立てができることとなります[3]。また、開示命令手続の審理中に開示関係の対象となっている発信者情報が開示関係役務提供者によって消去されてしまわないようにするため、裁判所は、申立てにより、開示命令より緩やかな要件の下、開示関係役務提供者に対して、開示命令の申立てに係る開示命令事件（異議の訴えが提起された場合にはその訴訟）が終了するまでの間、保有する発信者情報を消去してはならない旨の消去禁止命令を発令することが可能です（法16

3）　令和3年改正前の法の下では、コンテンツプロバイダからIPアドレス等が開示されない限り、開示請求者は、経由プロバイダを特定することができませんでした。

条1項）。この点について、上記の提供命令により、経由プロバイダの氏名等情報の提供を受けることで、コンテンツプロバイダからの開示を待たずして、経由プロバイダに対する消去禁止命令の申立てができることとなります（→詳細については**本章・第10節**を参照）。

　これらの制度を活用することにより、同一の裁判所に開示命令事件を係属させて、各事件を併合することで、一体的に解決をすることが可能となります[4]。

【コラム3：外国会社登記の徹底】

　会社法は、「外国会社は、日本において取引を継続してしようとするときは、日本における代表者を定めなければならない。」（同法817条1項前段）、「外国会社は、外国会社の登記をするまでは、日本において取引を継続してすることができない。」（同法818条1項）、と定めています。もっとも、日本において継続的に取引をしている外国会社の中には、こうした登記義務を懈怠しているものも存在すると言われています。

　こうした状況の下、2022年3月29日、法務省と総務省とは、総務省に届出がされている電気通信事業法における電気通信事業者のうち、外国会社の登記義務を遵守していないと思われる48社に対して、外国会社の登記義務の履行を促す文書を発出しました（2022年4月19日の法務大臣閣議後記者会見の概要〈https://www.moj.go.jp/hisho/kouhou/hisho08_00298.html〉）。これに応じて、順次、登記手続がなされており、米国の主要IT会社が手続を済ませているとの報道があります（2022年11月時点）。

　外国会社に対する開示請求を裁判上行う場合には、その資格証明書及び訳文を取得する必要がありますが、代行業者から購入する場合には数万円程度と非常に高額な費用がかかる場合があります。そのため、外国会社の登記がなされることとなれば、日本で資格証明書を取得できることとなるため、こうした費用負担が軽減される可能性があると考えられます。

4）　プロバイダ責任制限法固有の課題ではありませんが、訴訟手続による場合には訴状の海外送達に時間がかかるといった課題もあります。この点について、法は、開示命令の申立書の写しを相手方に送付しなければならないとしています（法11条1項）。そのため、制度上は、必ずしも送達による必要はないこととなります。

2　開示命令事件についての法の適用関係

(1)　非訟事件手続法の適用

　開示命令事件は、非訟事件手続法3条に規定する「非訟事件」に該当することから、同事件には、同法第2編の規定が適用されることとなります。

　非訟事件手続法が適用される理由は次のとおりです。

　非訟事件とは、裁判所が取り扱う事件のうち、純然たる訴訟事件以外のものをいうところ、訴訟事件とは「裁判所が当事者の意思いかんにかかわらず終局的に事実を確定し当事者の主張する実体的権利義務関係の存否を確定することを目的とする」事件をいう（最大決昭和45年6月24日民集24巻6号610頁等参照）とされます[5]。

　開示命令の申立てについての終局決定に不服がある者は、異議の訴えを提起することにより、その決定の当否を民事訴訟において争うことが可能です（法14条1項）。そのため、異議の訴えが提起されたときには当該訴えにおいて終局的に開示義務の存否という実体的権利義務の存否が確定されることとなり、開示命令手続において終局的に確定するものではないことから、開示命令事件は、純然たる訴訟事件に該当しないものとして、「非訟事件」（非訟3条）に該当し、開示命令手続には原則として非訟事件手続法第2編の規定が適用されることとなります[6]。

　なお、プロバイダ責任制限法には、開示命令事件に非訟事件手続法が適用されることを正面から明定する規定（例えば、開示命令事件には非訟事件手続法を適用する旨を明言する旨の規定。）はなく、上記解釈や同法の適用除外規定（法17条）を設けることにより適用があるものとして位置付けられています。これは、同法が適用される事件類型について、解釈においてその適用があることを前提に適用除外規定を設ける用例があることから

5）　逐条解説非訟法3頁。
6）　一問一答プロバイダ責任制限法Q5（9頁）。

（借地借家法や会社法など。）、プロバイダ責任制限法においても、こうした用例に従って立法がなされたものと考えることができます。

(2)　非訟事件手続法とプロバイダ責任制限法との関係

　このように、開示命令事件には非訟事件手続法が適用されることとなりますが、このこととプロバイダ責任制限法第4章「発信者情報開示命令事件に関する裁判手続」との章が設けられていることとの関係が次に問題となります。

　開示命令事件の裁判手続については、原則として非訟事件手続法第2編の規定が適用されることを前提に、プロバイダ責任制限法第4章において、この事件を処理するに相応しい手続として、非訟事件手続法の特則的規定や補足的規定を設ける一方で、同法のうち不要なものについては適用除外規定（法17条）を設けているほか、読替規定（法14条6項）が設けられています（図3-1-2）[7]。

【図3-1-2：開示命令事件（非訟手続）における適用関係】

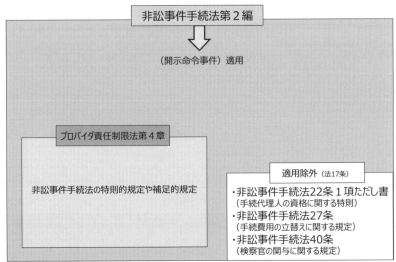

※　法14条6項に読替規定あり

3　三つの命令（開示命令、提供命令及び消去禁止命令）の法的性格及び関係性

(1)　三つの命令の概要

　プロバイダ責任制限法第4章において、開示命令、提供命令及び消去禁止命令という裁判所による三つの命令が定められています。これらは、それぞれ次のようなものです[8]（図3-1-3）。

【図3-1-3：三つの命令の概要】

①**開示命令**（法8条）
➤ 発信者情報開示に係る審理を簡易迅速に行うことができるようにするため、従来の訴訟手続に加えて、決定手続により、SNSサービス提供する事業者に代表される開示関係役務提供者に対して、その保有する発信者情報の開示を命ずることができることとしたものです（→詳細は本章・第2節参照）。

②**提供命令**（法15条）
➤ 二段階の裁判手続に係る課題（コンテンツプロバイダとの裁判中に経由プロバイダの保有する発信者情報が消去されるおそれや、同一の要件の審理を2回行う必要があること）に対応するため、開示関係役務提供者に対する、以下の命令を可能としたもの（→詳細は本章・第9節参照）。
i.　保有する発信者情報（例：IPアドレス・タイムスタンプ）により特定される他の開示関係役務提供者（経由プロバイダを想定）の氏名等の情報を申立人に提供すること※（→これにより、申立人は、二段階目の相手方を知ることが可能となります。）。
ii.　申立人から、iでその氏名等を提供された他の開示関係役務提供者に開示命令を申し立てた旨の通知を受けた場合、保有する発信者情報（例：IPアドレス・タイムスタンプ）を当該他の開示関係役務提供者に提供すること（→これにより、当該他の開示関係役務提供者は、開示命令の申立てに係る発信者情報の保有の有無の確認等が可能となります。）。

※　名称等が明らかにならなかった場合にはその旨

③**消去禁止命令**（法16条）
➤ 開示命令事件の審理中に発信者情報が消去されることを防ぐため、開示命令の申立てに係る事件（異議の訴えが提起された場合にはその訴訟）が終了するまでの間、その保有する発信者情報の消去禁止を命ずることを可能としたもの（→詳細は本章・第10節参照）。

---

7)　一問一答プロバイダ責任制限法 Q6（10頁）参照。非訟事件手続法とプロバイダ責任制限法との詳細な適用関係については、逐条解説プロバイダ責任制限法253頁以下、又は一問一答プロバイダ責任制限法「資料4　新法と非訟事件手続法の適用関係表」を参照のこと。
8)　逐条解説プロバイダ責任制限法135頁以下、一問一答プロバイダ責任制限法 Q7（11頁）参照。

(2)　三つの命令の法的性格

開示命令、提供命令及び消去禁止命令は、いずれも申立てにより行われる裁判であり、その裁判形式はいずれも決定です（非訟54条）。

非訟事件手続法第2編第3章第4節の「裁判」には、非訟事件についての終局的判断である「終局決定」（非訟55条以下）と、終局決定のための手続上の派生的事項又は付随的事項についての裁判所の判断である「終局決定以外の裁判」（非訟62条）とがあります[9]。

開示命令の申立てについての決定は、発信者情報の開示を命じるか否かについて終局的判断を行うものであることから、「終局決定」（非訟55条以下）に該当するものとして位置付けられています。

他方、提供命令及び消去禁止命令の申立てについての決定は、開示命令の実効性を確保するための保全処分にすぎず[10][11]、開示命令事件について開示を命じるか否かという終局的判断をするものではないことから、「終局決定以外の非訟事件に関する裁判」（非訟62条1項）に該当するものとして位置付けられています。

このように、開示命令は提供命令及び消去禁止命令の本案であり、提供命令及び消去禁止命令はその付随的事項にすぎないという関係性にあります（図3-1-4）[12]。

---

9)　一問一答非訟法19頁及び87頁並びに逐条解説非訟法209頁以下及び236頁以下。

10)　この保全処分は、民事訴訟以外の手続を本案とする保全処分であり、講学上の特殊保全処分（民事保全法の適用を受けない保全処分）に該当するものとして考えることができます。

11)　経由プロバイダにおけるアクセスログの保存期間が限られているため、開示要件の審理とは別に、経由プロバイダの特定及び侵害情報に係るアクセスログの消去禁止を迅速に求めることができるようにするため、「開示命令の申立てに係る侵害情報の発信者を特定することができなくなることを防止するため必要があると認めるとき」（法15条1項、16条1項）に発令されるものです（詳細は**本章・第9節・2・(2)**、**第10節・2・(2)**を参照）。

12)　なお、非訟事件手続法において、「非訟事件の申立て」（43条以下）とは、裁判所に対し一定の内容の終局決定を求める行為をいうところ、発信者情報開示命令の申立ては、裁判所に対して、一定の内容の終局決定を求める行為であることから、「非訟事件の申立て」に該当します。他方、提供命令及び消去禁止命令の申立ては、裁判所に対し、一定の終局決定を求める行為ではないことから、「非訟事件の申立て」には該当しません（「非訟事件の申立て」の意味について一問一答非訟法16頁。）。

【図3-1-4：三つの命令の法的性格】

申立て	申立てについての裁判	裁判の種類
発信者情報開示命令の申立て	認容決定（開示命令）	「終局決定」（本案についての決定）
	却下決定	
提供命令の申立て	認容決定（提供命令）	「終局決定以外の裁判」（特殊保全処分についての決定）
	却下決定	
消去禁止命令の申立て	認容決定（消去禁止命令）	
	却下決定	

(3)　三つの命令の関係性

このような開示命令と提供命令及び消去禁止命令との関係性（本案とその付随的事項という関係性）から、主に次のような事項が導かれているといえます。

① 提供命令及び消去禁止命令の申立ては、本案である開示命令事件が係属していることが要件となります（法15条1項、16条1項）[13]。

② 提供命令及び消去禁止命令の申立ての管轄は、開示命令事件の管轄に従うこととなります（法15条1項、16条1項）。

③ 提供命令及び消去禁止命令の効力の終期は、本案である開示命令事件が終了するまでとなります（法15条3項、16条1項）[14]。

4　三つの命令に対する不服申立て

開示命令、提供命令及び消去禁止命令に対する不服申立て方法は次の通りです（図3-1-5）。

(1)　開示命令の申立てについての決定に対する不服申立方法

開示命令の申立てについての決定（当該申立てを不適法として却下する決

---

13)　各申立ての要件の詳細は**本章・第9節・2、第10節・2を参照**）。

14)　提供命令については本案である開示命令事件が終了した場合以外にも終了事由が定められている（法15条3項2号）。

定を除きます。）に対する不服申立方法は、異議の訴えであり、当該決定について即時抗告を行うことはできません（法 14 条 1 項）[15]。

　異議の訴えとは、上記決定に不服のある当事者が、当該訴えを提起することにより、その決定の当否を争うことのできる訴訟事件です（→詳細は、**本章・第 12 節・1**を参照）。

(2)　提供命令及び消去禁止命令の申立てについての決定に対する不服申立方法

　提供命令及び消去禁止命令の申立てについての決定は、開示命令事件を本案とする付随的事項についての裁判[16]であり、「終局決定以外の非訟事件に関する裁判」（非訟 62 条 1 項）に該当します。そのため、不服申立てができる旨の「特別の定め」（非訟 79 条）がなければ不服申立てができないところ、①申立てを認容する提供命令及び消去禁止命令が発令された場合にのみ、これらの命令を受けた開示関係役務提供者は、即時抗告をすることができ（法 15 条 5 項、16 条 3 項）、②申立人は申立てを却下する旨の決定に対して即時抗告を行うことができません（→詳細は、**本章・第 9 節・6・(1)**、**第 10 節・5・(1)**を参照）。

---

15)　一問一答プロバイダ責任制限法 Q69（87 頁）。
16)　提供命令及び消去禁止命令の申立てについての決定が開示命令事件を本案とする付随的事項について裁判であることについては、**本節・3・(2)**を参照のこと。

【図3-1-5：発信者情報の開示請求に関する裁判手続における不服申立方法】

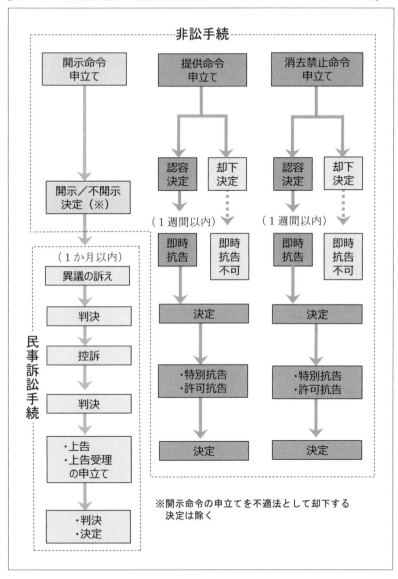

第2節　発信者情報開示命令

1　発信者情報開示請求権の行使方法

　開示命令とは、裁判所が、被害者の申立てにより、訴訟手続（訴訟事件）よりも簡易迅速とされる決定手続（非訟事件）[17]で、相手方となる開示関係役務提供者に対し、発信者情報開示請求権（法5条1項及び2項）に基づき発信者情報の開示を命じるもの（開示命令）です。この決定について要する立証の程度は、証明となります[18]。

　これは、発信者情報開示請求権が実体法上の請求権であることを前提として、開示請求者の選択により、①裁判外で発信者情報の開示を求めること及び②判決手続で開示を求めることに加えて、③決定手続で開示を求めることができることとしたものです（法8条。図3-2-1)[19]。なお、裁判上の請求には、仮処分の申立てもありますが、一般に、発信者の氏名及び住所等発信者を直接特定することのできる発信者情報の開示は、民事保全法に定める保全の必要性との関係で、これを求めることはできないものと考えられています[20]。

---

17)　開示命令事件は、訴訟事件ではなく、非訟事件に該当することから、非訟事件手続法が適用されることとなります（詳細は**本章・第1節・2・(1)**を参照)。
18)　逐条解説プロバイダ責任制限法141頁。
19)　③の開示命令手続（非訟手続）は、既存の①及び②に加えるものとして、令和3年改正により創設された制度です（一問一答プロバイダ責任制限法 Q35（45頁))。
20)　仮処分の実務 Q22（124頁)。

【図 3-2-1：発信者情報開示請求権の行使方法】

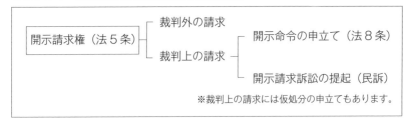

2　開示命令手続と訴訟手続との関係

　上記のとおり主に 3 つの行使方法があるとして、例えば、同一の権利侵害投稿について、②発信者情報開示請求の訴えを提起するとともに、③開示命令の申立てを行うことができるかが問題となります。

　この点について、③開示命令の申立てを行った後に、その申立ての係属中に、同一の発信者情報開示請求権に基づいて②発信者情報開示請求の訴えを提起することは、開示命令事件が「裁判所に係属する事件」（民訴 142条）に該当するものとして、許されないと考えることができます。同様に、②発信者情報開示請求の訴えを提起した後に、その訴えの係属中に、同一の発信者情報開示請求権に基づいて③開示命令の申立てを行うことは、発信者情報開示請求事件が同条の「裁判所に係属する事件」に該当するものとして、許されないものと考えることができます[21]。

　これらは、発信者情報開示命令の申立てについての決定には、一定の場合に既判力が付与される（法 14 条 5 項）ことから、民事訴訟法 142 条の趣旨（裁判の矛盾の防止や、被告の二重応訴の防止等）からすると、同条の「裁判所に係属する事件」に該当するものと考えられることがその理由です。

---

21)　逐条解説プロバイダ責任制限法 141 頁、一問一答プロバイダ責任制限法 Q36（46頁）。

3　開示命令手続と仮処分手続との関係

　同一の権利侵害投稿について、③発信者情報開示命令の申立てを行うとともに、発信者情報開示仮処分の申立てを行うことができるかについても問題となります。

　民事保全法上、仮処分の決定には既判力が付与されていないことから、上記2の場合と異なり、発信者情報開示仮処分申立事件は「裁判所に係属する事件」（民訴142条）には該当しないものと考えられます[22]。仮処分手続を利用するためには、保全の必要性など同手続に固有の要件を充足しなければならないことは当然です。

　なお、仮処分手続の場合には制度上立担保が必要となるのに対し開示命令では立担保は不要となります[23]。

【民事訴訟法】

　（重複する訴えの提起の禁止）

　第百四十二条　裁判所に係属する事件については、当事者は、更に訴えを提起することができない。

4　開示命令の申立てについての終局決定の具体的効力

　開示命令の申立てについての終局決定（開示又は不開示決定）[24]がなされた場合において、異議の訴えが法定の期間内（1月の不変期間内）に提起さ

---

22)　逐条解説プロバイダ責任制限法141頁、一問一答プロバイダ責任制限法Q36（46頁注）。

23)　東京地方裁判所民事9部（保全部）では、発信者情報開示の仮処分の担保額については10万円から30万円までの間で決定されることが多いとされます（仮処分の実務Q48（263頁以下））。なお、事実上担保を不要とする債権者がいるほか、和解で終了する場合も多いなど、担保が不要となる場面もあります（「東京地方裁判所民事第9部におけるインターネット関係仮処分の処理の実情」判タ1395号（2014年）25頁、神田知宏著「インターネット削除請求・発信者情報開示請求の実務と書式」（日本加除出版、2021年）97頁。）。

れなかったとき、又は却下されたときに、当該決定は、「確定判決と同一の効力」を有することとなります（法14条5項）[25]。例えば、当該決定が開示命令の申立てを却下する決定（不開示決定）であるときには既判力のみを有し、当該決定が発信者情報の開示を命じるものであれば既判力のほか執行力も有することとなります。

　これは、開示命令の申立ては非訟事件であるところ、非訟事件手続法上、終局決定の効力に関する定めは同法56条2項及び同3項に規定があります。これらによれば終局決定の具体的効力は、その決定の内容に応じた効力（形成力、執行力等）が発生することを意味すると解されており[26]、開示命令事件における終局決定の具体的効力が明瞭でない部分があることから、法14条5項においてこれを明らかにしたものです。すなわち、開示命令の申立てについての決定は、実体的な権利義務を基礎とする発信者情報開示請求権（法5条1項及び2項）の存否及びその内容を判断するものであることから、決定の効力が確定したときに「確定判決と同一の効力」を認める趣旨です（図3-2-2）。

【図3-2-2：開示命令における終局決定の効力】

	認容決定	却下決定
確定判決と同一の効力	既判力 執行力	既判力

---

24)　ここでいう終局決定とは、法14条1項に規定する決定であることから、開示命令の申立てを不適法却下する旨の決定は除かれることとなります（一問一答プロバイダ責任制限法 Q73（91頁）注1）。
25)　なお、異議の訴えにおける判決の効力を定める法14条4項では「給付を命ずる」との文言が設けられているのに対し、開示命令の申立てについての決定の効力を定める同条5項では「給付を命ずる」との文言が設けられていません。これは、開示命令の申立てそれ自体が給付の申立てであり、同条4項に規定する「給付を命ずる」との文言に相当する文言を設けなくとも、その申立てを認容する決定は給付決定であることから執行力が認められるとの考慮によるものと考えられます。
26)　逐条解説非訟法215頁以下。

5　開示命令の実効性確保方法

　開示命令の申立てについて、その開示を認める旨の決定の効力は告知により効力を生じることから、申立人は、これにより発信者情報の開示を求めることとなります（非訟56条2項）。

　もっとも、開示を認める旨の決定が確定したものの、相手方が開示に任意に応じない場合、申立人としては、当該決定を債務名義とする強制執行手続（間接強制）により、その開示を間接的に強制することが考えられます（民執172条、22条7号）。

　間接強制とは、債務者に対して、その不履行に一定の不利益（金銭の支払い）を賦課して意思を圧迫し、債務者による履行法を強いる方法である。具体的には、確定した開示命令に応じない相手方に対し、「本決定送達の日から〇日以内に債務を履行しないときは、債務者（相手方）は債権者（申立人）に対し、上記期間経過の翌日から履行済まで1日につき金〇万円の割合による金員を支払え」といった命令により心理的に義務の履行を促す手法です。

　強制執行手続（間接強制）を行う場合、開示を認める旨の決定が、民事執行法22条に規定する債務名義のうち、いずれに該当するかが問題となりますが、決定の確定により「確定判決と同一の効力」を有することから（法14条5項）、「確定判決と同一の効力を有するもの（第3号に掲げる裁判を除く。）」（民執22条7号）に該当することとなります[27]。

　ここで3号の「抗告によらなければ不服を申し立てることができない裁判（確定しなければその効力を生じない裁判にあつては、確定したものに限る。）」に該当しない理由として、開示命令の申立てについての決定に対しては異議の訴えによってのみ不服申立てが可能であることから（法14条1項）[28]、3号には該当しないものと考えられます。

---

27)　逐条解説プロバイダ責任制限法205頁注25、一問一答プロバイダ責任制限法Q44（57頁）。
28)　開示命令の申立てについての決定に対して非訟事件手続法の即時抗告ができないことについては、**本章・第12節・1**を参照のこと。

　なお、提供命令及び消去禁止命令については、いずれも即時抗告により不服を申し立てることから（法15条5項、16条3項）、3号の「抗告によらなければ不服を申し立てることができない裁判」への該当性が問題になるものと考えられます（図3-2-3）。これらのうち、提供命令（第1号命令）には、原則的な命令である2択の命令と例外的な命令である1択の命令があります（提供命令の詳細については**本章・第9節・3・(1)**を参照のこと。）。2択の命令については、2択であるため裁判所にとって一義的に明確ではないことから、債務名義該当性がとくに問題になる点に注意が必要です。

【民事執行法22条抜粋】（下線筆者）

（債務名義）

第二十二条　強制執行は、次に掲げるもの（以下「債務名義」という。）により行う。

　一〜二（略）

　三　抗告によらなければ不服を申し立てることができない裁判（確定しなければその効力を生じない裁判にあつては、確定したものに限る。）

　四〜六（略）

　七　確定判決と同一の効力を有するもの（第三号に掲げる裁判を除く。）

【図3-2-3：債務名義該当性が問題となる民事執行法の該当条文】

	開示命令	提供命令	消去禁止命令
債務名義 （民執22条）	7号 確定判決と同一の効力を有するもの	3号 抗告によらなければ不服を申し立てることができない裁判	

6　執行管轄

　開示命令等に相手方が従わない場合の間接強制の申立ての管轄について
は、民事執行法 172 条 6 項が準用する 171 条 2 項において、さらに準用す
る 33 条 2 項 1 号又は 6 号で定められています。具体的には、「第 22 条第
1 号から第 3 号まで、第 6 号又は第 6 号の 2 に掲げる債務名義並びに同条
第 7 号に掲げる債務名義のうち次号、第 1 号の 3 及び第 6 号に掲げるもの
以外のもの」は「第一審裁判所」（民執 33 条 2 項 1 号）とされています
（開示命令は 22 条 7 号、提供命令及び消去禁止命令は 22 条 3 号に該当しま
す。）。

　これを開示命令等について検討すると、「第一審裁判所」（民執 33 条 2 項
1 号）に該当するかが問題となります。すなわち、「第一審」とは通常民
事訴訟手続において使用される語句であると考えられるところ、非訟事件
手続である開示命令等が発令された段階では、第一審裁判所は存在しない
とも考えられます[29]。もっとも、このように形式的に捉えてしまうと、ど
の規定により管轄が定まるのかが不明瞭になることや実質的には開示命令
の申立て等についての決定を行った裁判所が「第一審裁判所」とみること
もできることから、かかる決定を行った裁判所を「第一審裁判所」である
と解釈して当該裁判所に管轄を認めるべきではないかと考えることができ
るものと思われます[30]。

---

[29]　なお、異議の訴えが提起された場合、これが第一審となります。
[30]　細かな点となりますが、民事執行法 33 条 2 項 1 号の 2、1 号の 3 をみると、損害
　　賠償命令、簡易確定手続、労働審判などは、それらが「係属していた地方裁判所」と
　　いう特則があることから、これとの並びで考えると、新たに条文を追加する整理も可
　　能ではないかと思われます。

第3節　裁判管轄

　発信者情報開示請求権を民事訴訟において行使する場合には民事訴訟法に定めるところに従い、保全命令手続において行使する場合には民事保全法に定めるところに従い、開示命令手続において行使する場合にはプロバイダ責任制限法に定めるところに従い、それぞれ裁判管轄が定まることとなります。また、開示命令手続における裁判管轄は、民事訴訟及び保全命令手続における裁判管轄を踏まえて規定されたものです。

　そこで、民事訴訟や保全命令手続により発信者情報開示請求権を行使する場合の裁判管轄について、概要を確認した上で、開示命令手続において行使する場合の裁判管轄を詳述します。

　なお、日本におけるインターネット上での侵害情報は、とくに外国法人の提供する SNS サービス等において多くみられるところ[31]、外国法人を相手方とする場合等には、まず国際裁判管轄（国際的な要素を有する紛争について、どの国の裁判所がその紛争に係る事件について審理・裁判をすることができるかという問題）が認められるかが問題となり、これが認められることを前提として国内裁判管轄が問題となります。

1　保全命令手続における裁判管轄

(1)　国際裁判管轄

　保全命令手続の国際裁判管轄については、「保全命令の申立ては、日本の裁判所に本案の訴えを提起することができるとき、又は仮に差し押さえるべき物若しくは係争物が日本国内にあるときに限り、することができ

---

31)　総務省が委託運営を行っている「違法・有害情報センター」（同センターについては前掲第1章の注13）の令和3年度の相談件数が多い事業者／サービス上位3社は、いずれも外国法人によるものです〈https://www.soumu.go.jp/main_sosiki/joho_tsusin/d_sYohi/ihoYugai_02.html〉。

る。」（民保 11 条）とされています[32][33]。

　このうちの「日本の裁判所に本案の訴えを提起することができるとき」
（本案事件管轄）について、とくに外国法人を債務者とする場合、次のいず
れかに該当するときに国際裁判管轄が認められるものと考えられていま
す[34]。

① 　債務者である外国法人の主たる事務所又は営業所が日本国内にある
　　とき（民訴 3 条の 2 第 3 項）

② 　これらの事務所等がない場合又はその所在地が知れない場合におい
　　て代表者その他の主たる業務担当者の住所が日本国内にあるとき
　　（民訴 3 条の 2 第 3 項）

③ 　債務者である外国法人の事務所又は営業所の業務に関する訴えで当
　　該事務所又は営業所が日本国内にあるとき（民訴 3 条の 3 第 4 号）

④ 　債務者である外国法人が日本において継続的な事業を行う者であ
　　り、この者に対する訴えが日本における業務に関するものであると
　　き（民訴 3 条の 3 第 5 号）

　例えば、SNS サービスを提供する外国法人が日本国内に主たる営業所
等を有せず、その日本法人があるものの当該サービスの管理業務に携わっ
ていない場合[35] 等（上記①から③までに該当しない場合。）であっても、当
該サービスについて日本からのアクセスが可能であり、かつ、日本語でサー
ビスが提供されているときには、「日本において事業を行う者」に対す
る「日本における業務に関する」訴えであるといえるため、国際裁判管轄
を認めることができるものと考えられています（上記④）[36]。

---

32) 　仮処分の実務 Q31（181 頁以下）及び Q35（199 頁以下）参照。

33) 　なお、「仮に差し押さえるべき物若しくは係争物が日本国内にあるとき」（係争物
　　所在地管轄）の解釈については諸説あるものの、「インターネット関係仮処分では、
　　係争物所在地管轄で国際裁判管轄を認定することは実際的ではないと思われる。」と
　　されています（仮処分の実務 Q31（181 頁以下））。

34) 　保全命令手続における国際裁判管轄は、債務者が外国法人である場合に主として
　　問題となることから、ここでは債務者が外国法人である場合についてのみ説明をして
　　います。

35) 　例えば、外国法人の日本支社が国内法人として存在していても、問題となってい
　　るサービスの管理業務に携わっていない場合には、民事訴訟法 3 条の 3 第 4 号による
　　国際裁判管轄は認められないものと一般に考えられています（仮処分の実務 Q35
　　（199 頁以下）参照。）。

(2)　国内裁判管轄

　保全命令手続の国内裁判管轄については、「保全命令事件は、本案の管轄裁判所又は仮に差し押さえるべき物若しくは係争物の所在地を管轄する地方裁判所が管轄する。」（民保 12 条 1 項）とされているところ、債務者の普通裁判籍の所在地を管轄する地方裁判所に国内裁判管轄が認められます（民訴 4 条）[37)38)]。具体的には、次の通りです。

(a)　法人（外国法人を除く）を債務者とする場合

　法人（外国法人を除く）を債務者とする場合については、民事訴訟法 4 条 4 項に従い（民保 12 条 1 項）、次のように定まります。

①　債務者である法人（外国法人を除く）の主たる事務所又は営業所の所在地を管轄する地方裁判所（民訴 4 条 4 項）

②　これらの営業所等がない場合において代表者その他の主たる業務担当者があれば、その住所地を管轄する地方裁判所（民訴 4 条 4 項）

(b)　外国法人を債務者とする場合

　外国法人を債務者とする場合については、民事訴訟法 4 条 5 項及び同法 10 条の 2 に従い（民保 12 条 1 項）、次のように定まります。

①　債務者である外国法人の主たる事務所又は営業所が日本国内にあれば、その所在地を管轄する地方裁判所（民訴 4 条 5 項）

②　これらの営業所等がない場合において日本における代表者その他の主たる業務担当者があれば、その住所地を管轄する地方裁判所（民訴 4 条 5 項）

---

36)　なお、発信者情報開示請求権は、発信者情報の開示に応じるべき義務を発生させることを目的とするものであり、それ自体経済的利益の獲得を目的とするものではないことから、これに基づく訴えは、「財産権上の訴え」（民訴 5 条 1 号）に該当せず、その他の特別裁判籍が認められる場合にも該当しないものと考えられています（逐条解説プロバイダ責任制限法 96 頁注 4 参照）。

37)　事物管轄について発信者情報開示請求権は訴訟の目的の価額の算定ができない場合に該当し、その価額は 140 万円を超えるものとみなされるため地方裁判所に管轄が認められます（民訴 8 条 2 項、裁判所法 24 条 1 号）。

38)　なお、「仮に差し押さえるべき物若しくは係争物の所在地を管轄する地方裁判所」（係争物所在地管轄）が実際的でないことは前掲注 33）と同様（仮処分の実務 Q31（187 頁））。

③　上記①及び②に該当しない場合には、「管轄裁判所が定まらないとき」（民訴 10 条の 2）に該当するものとして、東京都千代田区を管轄する東京地方裁判所（民訴規 6 条の 2）

例えば、SNS サービスを提供する外国法人が日本国内に主たる営業所等を有せず、日本における代表者その他の主たる業務担当者等もいない場合（上記①及び②に該当しない場合）には、「管轄裁判所が定まらないとき」（上記③）に該当するものとして、東京地方裁判所に国内裁判管轄が認められることとなります。

2　民事訴訟における裁判管轄

(1)　国際裁判管轄

民事訴訟の国際裁判管轄については、民事訴訟法 3 条の 2 以下において規定されています。具体的には次のいずれかに該当するときに国際裁判管轄が認められるものと考えられています（図 3-3-1）。

(a)　法人を被告とする場合

①　被告である法人の主たる事務所又は営業所が日本国内にあるとき（民訴 3 条の 2 第 3 項）

②　これらの事務所等がない場合又はその所在地が知れない場合において代表者その他の主たる業務担当者の住所が日本国内にあるとき（民訴 3 条の 2 第 3 項）

③　被告である法人の事務所又は営業所の業務に関する訴えで当該事務所又は営業所が日本国内にあるとき（民訴 3 条の 3 第 4 号）

④　被告である法人が日本において継続的な事業を行う者であり、この者に対する訴えが日本における業務に関するものであるとき（民訴 3 条の 3 第 5 号）

(b)　自然人を被告とする場合

①　被告である自然人の住所が日本国内にあるとき（民訴 3 条の 2 第 1 項）

②　日本国内に被告である自然人の住所がない場合又は住所が知れない

【図 3-3-1：発信者情報開示請求訴訟における国際裁判管轄（法人を被告とする場合）】

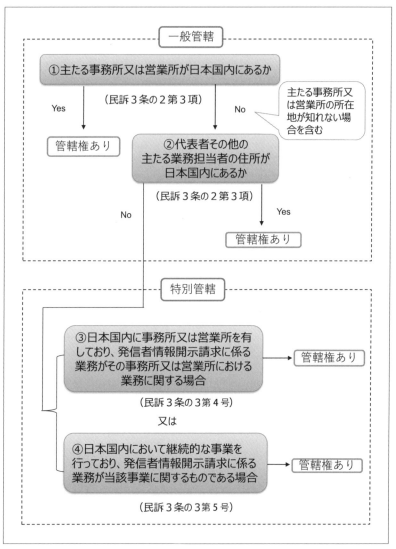

場合において居所が日本国内にあるとき（民訴 3 条の 2 第 1 項）

③　日本国内に被告である自然人の居所がない場合又は居所が知れない場合において発信者情報開示請求の訴えの提起前に日本国内に住所を有していたとき（日本国内に最後に住所を有していた後に外国に住所を有していたときを除く。）（民訴 3 条の 2 第 1 項）

④　被告である自然人が日本国内に事務所又は営業所を有しており、発信者情報開示請求の訴えに係る業務がその事務所又は営業所における業務に関するものであるとき（民訴 3 条の 3 第 4 号）

⑤　被告である自然人が日本において継続的な事業を行う者であり、この者に対する訴えが日本における業務に関するものであるとき（民訴 3 条の 3 第 5 号）

(2)　国内裁判管轄

民事訴訟の国内裁判管轄については、被告の普通裁判籍の所在地を管轄する地方裁判所に国内裁判管轄が認められます（民訴 4 条）。具体的には、次のとおりです[39]（図 3-3-2）。

(a)　法人（外国法人を除く）を被告とする場合（外国法人を除く）

法人（外国法人を除く）を被告とする場合については、民事訴訟法 4 条 4 項に従い、次のように定まります。

①　被告である法人の主たる事務所又は営業所の所在地を管轄する地方裁判所（民訴 4 条 4 項）

②　これらの営業所等がない場合において代表者その他の主たる業務担当者があれば、その住所地を管轄する地方裁判所（民訴 4 条 4 項）

(b)　外国法人を被告とする場合

外国法人を被告とする場合については、民事訴訟法 4 条 5 項及び同法 10 条の 2 に従い、次のように定まります。

①　被告である外国法人の主たる事務所又は営業所が日本国内にあれば、その所在地を管轄する地方裁判所（民訴 4 条 5 項）

---

39)　本文における普通裁判籍のほか、民訴 5 条 5 号に定める特別裁判籍も考えられます。

【図 3-3-2：発信者情報開示請求訴訟における国内裁判管轄（法人を被告とする場合）】

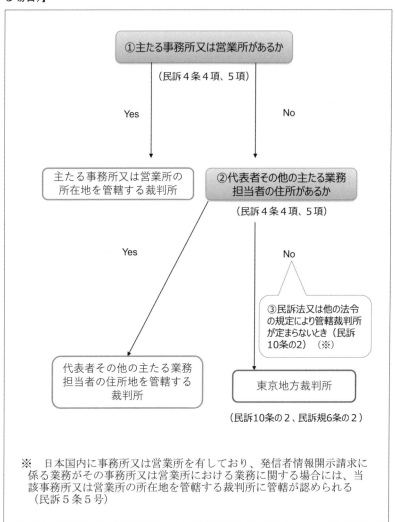

② 　これらの営業所等がない場合において日本における代表者その他の主たる業務担当者があれば、その住所地を管轄する地方裁判所（民訴 4 条 5 項）

③ 　上記①及び②に該当しない場合には、「管轄裁判所が定まらないとき」（民訴 10 条の 2）に該当するものとして、東京都千代田区を管轄する東京地方裁判所（民訴規 6 条の 2）

(c)　**自然人を被告とする場合**

自然人を被告とする場合については、民事訴訟法 4 条 2 項及び同法 10 条の 2 に従い、次のように定まります。

① 　被告である自然人の住所の所在地を管轄する裁判所（民訴 4 条 2 項）

② 　被告である自然人の住所が日本国内にない場合又は住所が知れない場合において居所の所在地を管轄する裁判所（民訴 4 条 2 項）

③ 　日本国内に被告である自然人の居所がない場合又は居所が知れない場合において最後の住所地を管轄する裁判所（民訴 4 条 2 項）

④ 　上記①から③までに該当しない場合には、「管轄裁判所が定まらないとき」（民訴 10 条の 2）に該当するものとして、東京都千代田区を管轄する東京地方裁判所（民訴規 6 条の 2）

3　開示命令手続における裁判管轄

開示命令手続における裁判管轄のうち、国際裁判管轄についてはプロバイダ責任制限法 9 条において、国内裁判管轄については同法 10 条において定められています。

国際裁判管轄については、同法 9 条 1 項で一般的に日本の裁判所に管轄権が認められる場合を、同条 2 項から 5 項までで合意により管轄権が認められる場合を、同条 6 項において管轄権が認められるとしても裁判所は申立てを却下することができる場合を、同条 7 項において管轄権の有無を判断する標準時を、それぞれ定めています。

国内裁判管轄については、同法 10 条 1 項及び 2 項で一般的な管轄原因（相手方の住所地等）に応じた原則的な管轄原因を、同条 3 項で競合管轄を、同条 4 項で合意管轄を、同条 5 項及び 6 項で特許権等に関する専属管

轄を、そして、同条7項でこれらの管轄原因にかかわらず提供命令を利用した場合における専属管轄を、それぞれ定めています。

　なお、プロバイダ責任制限法では、国際裁判管轄及び国内裁判管轄に関して、職権証拠調べをすることができる旨の規定は設けられていません。これは、非訟事件手続法49条1項により、裁判所は職権で証拠調べをすることができるためです[40]。また、国際裁判管轄及び国内裁判管轄に関して、民事訴訟法における応訴管轄の規定に相当する規定も設けられていません。期日を開くことが必要的ではない開示命令事件では民事訴訟における応訴と同様の概念を用いることができないことなどを理由とするものです[41]（図3-3-3）。

(1)　国際裁判管轄

(a)　プロバイダ責任制限法において国際裁判管轄の規定が設けられた趣旨

　開示命令の申立てには、非訟事件手続法第2編が適用されるところ、同法には国際裁判管轄の規定がないことから、プロバイダ責任制限法において国際裁判管轄の規定を設けるかが問題となります。

　プロバイダ責任制限法において国際裁判管轄の規定を設けない場合には、国際裁判管轄の有無は、国内土地管轄の規定を考慮するなど、個別具体的な事案に応じた裁判所による当事者間の衡平や適正・迅速な審理・裁判の実現といった条理に基づく判断に委ねられることとなりますが[42]、このような判断に委ねた場合には、個々の事案ごとの裁判所の判断となり、どのような場合に日本の裁判所の管轄権が認められるのか不明確となって

---

40)　一問一答プロバイダ責任制限法 Q51（67頁）及び Q62（80頁）。
41)　一問一答プロバイダ責任制限法 Q52（68頁）及び Q63（81頁）。
42)　財産権上の訴え及び保全命令については、「民事訴訟法及び民事保全法の一部を改正する法律」（平成23年法律第36号）によって国際裁判管轄に関する明文規定が設けられましたが、例えば、同法改正前の実務では「我が国の民訴法の規定する裁判籍のいずれかが我が国内にあるときは、原則として、我が国の裁判所に提起された訴訟事件につき、被告を我が国の裁判権に服させるのが相当であるが、我が国で裁判を行うことが当事者間の公平、裁判の適正・迅速を期するという理念に反する特段の事情があると認められる場合には、我が国の国際裁判管轄を否定すべきである」（最三小判平成9年11月11日民集51巻10号4055頁）等の裁判例が存在します。

【図 3-3-3：開示命令手続における裁判管轄（法人を相手方とする場合)】

①国際裁判管轄（いずれの国の裁判所に管轄権を配分するかの定め）について
　の規定（法9条）

国際
裁判
管轄

（1）相手方の主たる営業所等が日本国内にあるとき等
　　　　　　　　　　　　　　　　　　　　　　（法9条1項1号・2号）

（2）相手方が日本国内で事業を行う場合であって、申立てが
　　　日本における業務に関するものであるとき（法9条1項3号）

（3）管轄の合意があるとき（法9条2項）

日本の裁判所に管轄権あり

②国内裁判管轄（日本に所在するどの裁判所が管轄を有するかの定め）につい
　ての規定（法10条）

国内
裁判
管轄

（1）相手方の主たる営業所等の所在地を管轄する裁判所等
　　　に申立て可能（法10条1項）
　　　なお、法又は他の法令により管轄裁判所が定まらないとき
　　　は、最高裁判所規則で定める地である千代田区を管轄する
　　　東京地方裁判所（法10条2項、開示規1条）

（2）上記（1）に加えて、管轄権を有する裁判所が東日本に
　　　所在すれば東京地方裁判所、西日本に所在すれば大阪
　　　地方裁判所にも申立て可能（法10条3項）

（3）合意で定める裁判所にも申立て可能（法10条4項）

※　著作権等について管轄に関する規律（法10条5項・6項）
※　提供命令を利用した場合についての専属管轄の規律（法10条7項）

しまい、当事者の予測可能性や法的安定性を害するとともに、審理の結果国際裁判管轄がないとの結論に至った場合には、移送の規定がないために裁判所は申立てを却下せざるを得ず、手続経済にも反する結果となります。とくに、開示命令事件については、外国法人を相手方とするなど国際的要素を含むことが多いことから、国際裁判管轄の規律を設けることで、どのような場合に日本の裁判所に開示命令事件の申立てをできるのか（又は申し立てられるのか）を予め明確にする必要性が高い等の事情があります[43]。

　こうしたことからプロバイダ責任制限法9条において国際裁判管轄の規定が設けられることとなりました。

　その規定の内容については、「民事訴訟法及び民事保全法の一部を改正する法律」（平成23年法律第36号）により、国際裁判管轄の規律（民訴3条の3以下、民保11条）が設けられ、同法施行後約10年間の蓄積により、発信者情報開示仮処分の申立て及び発信者情報開示請求訴訟の国際裁判管轄は民事訴訟法及び民事保全法に基づいて処理されるという実務が確立していることも踏まえ、民事訴訟法と同程度の規律となっています。その具体的内容は、以下のとおりです。

(b)　開示命令の申立てについて日本の裁判所に管轄権が認められる場合

　発信者情報開示命令の申立てについて日本の裁判所に管轄権が認められる場合については、相手方に応じて、次のように定められています。

(ⅰ)　法人その他の社団又は財団を相手方とする場合（図3-3-4）

　法人その他の社団又は財団を相手方とする場合については、法9条1項2号が原則的な処理を規定するほか、同項3号が日本において事業を行う者を相手方とする場合を規定するなどしています。具体的には、次のとおりです。

①　相手方である法人等の主たる事務所又は営業所が日本国内にあるとき（法9条1項2号イ）[44]

---

43)　逐条解説プロバイダ責任制限法 144 頁以下、一問一答プロバイダ責任制限法 Q45（58 頁）。

② これらの事務所等が日本国内にない場合において、

　i 相手方である法人等の事務所等が日本国内にあり、発信者情報開示命令の申立てが当該事務所又は営業所における業務に関するものであるとき（法9条1項2号ロ(1)）[45)46)]、

　ii 相手方である法人等の事務所等が日本国内にない場合又はそれらの所在地が知れない場合[47)]において、代表者その他の主たる業務担当者の住所が日本国内にあるとき（法9条1項2号ロ(2)）[48)]

③ （上記①及び②に該当する場合のほか）相手方である法人等が日本において事業を行う者であり、発信者情報開示命令の申立てが相手方の日本における業務に関するものであるとき（法9条1項3号）

④ （上記①から③までに該当する場合のほか）日本において裁判を行う旨の合意があるとき（法9条2項から5項まで）[49)]

　これらのうち③について、法9条1項3号は、開示命令の申立ての相手

---

44) 一般に、「事務所」とは非営利法人がその業務を行う場所を意味し、「営業所」とは営利法人がその業務を行う場所を意味します。

45) 法9条1項2号ロ(1)では、「主たる事務所又は営業所」ではなく、「事務所又は営業所」が日本国内にあるか否かが問題となっています。なお、一般に、「主たる事務所又は営業所」といえるかは、実質的な活動の本拠といえるかにより判断されるものです（逐条解説プロバイダ責任制限法151頁）。

46) 法9条1項2号ロ(1)に該当する場合として、例えば、相手方である外国法人が日本国内に事務所を有し、その事務所において開示命令の申立ての理由となったSNSサービスの管理業務を実際に行っている場合が想定されます（逐条解説プロバイダ責任制限法148頁）。また、この規定は民訴3条の3第4号と同趣旨の規定であるといえます。

47) 「知れない場合」とは、通常人の通常の注意で事務所又は営業所を探しても見つからない場合を意味します（逐条解説プロバイダ責任制限法151頁）。法9条1項2号ロ(2)に該当する場合として、例えば、相手方である外国法人がペーパーカンパニーであり、その事務所等の実態がないあるいはその所在地が不明である場合において、実質的に業務を行っている代表者その他の主たる業務担当者の住所が日本国内にある場合が想定されます。また、この規定は民訴3条の2第3項と同趣旨の規定であるといえます。

48) 前掲注45）同様、法9条1項2号ロ(2)においても、「主たる事務所又は営業所」ではなく、「事務所若しくは営業所」が日本国内にあるか否かが問題となっています。

49) 民事訴訟法における規律と同様に、付加的合意と専属的合意を認めるものですが、合意管轄が成立するためには、書面性及び「一定の法律関係に基づく」申立てに関するものであること、という要件を満たさなければなりません（法9条2項から5項まで）。なお、後者の要件が法9条3項に明記されていない理由については、逐条解説プロバイダ責任制限法153頁、一問一答プロバイダ責任制限法Q50（66頁）。

【図3-3-4：法人その他の社団又は財団を相手方とする場合の国際裁判管轄の定まり方】

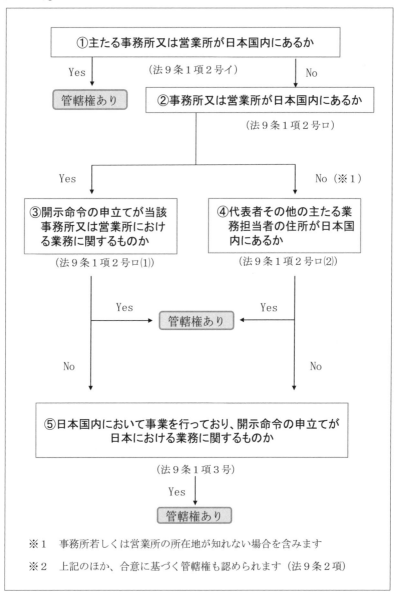

方が日本において事業を行う者（事業主体は、法人等に限定されるものではなく、自然人も含まれます。）であり、発信者情報開示命令の申立てが相手方の日本における業務に関するものであるときには、日本の裁判所の管轄権を認めるものです[50]。

　この規定により管轄権が認められる場合としては、例えば、相手方である外国法人が、日本において事務所を設置することなく、日本から利用可能な日本語による SNS サービス等を提供している場合が想定されます。これは、日本において取引を継続してしようとする外国法人のうち、日本国内に事務所等を設けず、かつ、日本における代表者を定めていない場合には、法 9 条 1 項 1 号及び 2 号により日本の裁判所に管轄権を認めることができないものの、こうした外国法人の日本における業務に関する申立てであれば、日本の裁判所に管轄権を認めるのが相当であると考えられたことから、同項 3 号が規定されたものです[51]。

　なお、法 9 条 1 項 2 号ロ(1)と同項 3 号について、2 号ロ(1)は開示命令の申立てに関する業務を行う事務所又は営業所を日本国内に有する法人その他の社団又は財団を相手方とする場合であるのに対し、3 号は、法人その他の社団又は財団のみならず自然人をも相手方とする場合である点で適用範囲が広く、また、3 号が日本国内において事務所又は営業所を有しない者をも対象としている点に違いがあります。

　(ii)　自然人を相手方とする場合

　開示命令の申立ての相手方のほとんどが法人であるものと想定されますが、例えば法人化することなく個人でプロバイダ業を営むなど自然人が相手方となる場合を否定することができないことから、自然人を相手方とする場合についても管轄の規定が設けられています。この場合については、法 9 条 1 項 1 号が原則的な処理を規定するほか、同項 3 号が日本において事業を行う者を相手方とする場合を規定するなどしています。具体的には、次のとおりです。

　①　相手方である自然人の住所又は居所が日本国内にあるとき（法 9 条

---

50)　民訴 3 条の 3 第 5 号と同趣旨の規定であるといえます。
51)　一問一答プロバイダ責任制限法 Q49（65 頁）参照。また、民訴 3 条の 3 第 5 号と同趣旨の規定であるといえます。

1項1号イ）[52]

② 　相手方である自然人の住所及び居所が日本国内にない場合又はこれらの住所等が知れない場合において、発信者情報開示命令の申立て前に日本国内に相手方が住所を有していたとき（日本国内に最後に住所を有していた後に外国に住所を有していたときを除く。）（法9条1項1号ロ）

③ 　（上記①及び②に該当する場合のほか）相手方である自然人が日本において事業を行う者であり、発信者情報開示命令の申立てが相手方の日本における業務に関するものであるとき（法9条1項3号）[53]

④ 　（上記①から③までに該当する場合のほか）日本において裁判を行う旨の合意があるとき（法9条2項から5項まで）[54]

　なお、日本から外国に派遣される大使、公使等の外交官やその家族等は、原則として、派遣された国（接受国）の裁判権から免除されるところ、大使、公使その他外国に在ってその国の裁判権からの免除を享有する日本人を相手方とするときには、日本の裁判所に管轄権が認められています（法9条1項1号ハ）。これは、いずれの国においても国際裁判管轄が存しないとの結論を避けるために設けられたものです。

(c)　特別の事情による却下

　法9条1項から5項までの規定により日本の裁判所に管轄権が認められた場合であっても、個別の具体的事案における諸事情を考慮して、日本の裁判所が審理及び裁判を行うことが当事者間の衡平を害し、又は適正かつ迅速な審理の実現を妨げる特段の事情があると裁判所が認めるときは、その申立ての全部又は一部を却下することができます（法9条6項）[55]。

　開示命令事件の場合、相手方の負担も考慮した管轄原因が定められていることや証拠の多くがインターネット上で取得可能であることなどを考慮

52）　一般に、「住所」とは生活の本拠を意味し、「居所」とは生活の本拠ではないものの多少の時間継続して居住する場所を意味します。

53）　法9条1項3号については本節・3・(1)・(b)を参照のこと。

54）　前掲注49）を参照のこと。

55）　日本の裁判所のみに管轄権が認められるという合意に基づいて開示命令の申立てがなされたときには、特別の事情による却下規定は適用されません（法9条6項括弧書）。

すると、特段の事情があるものとして却下される場合は例外的ではないかと想定されます。

　このように特別の事情による却下が適用される場合が例外的であると想定されるにも関わらず、法9条6項が定められたのは、同項の規定を設けなくとも解釈上特別の事情による却下が可能であるところ[56)]、特別事情却下の規定を定めることで、処理を明確にすることが法的安定性に資するとの配慮から定められたものと考えられます。

　(d)　国際裁判管轄の標準時

　日本の裁判所の管轄権の有無を判断する標準時については、「発信者情報開示命令の申立てがあった時を標準として定める」として、申立時とされています（法9条7項）。これは、申立て後の事情変更が管轄権の有無に影響を及ぼしたのでは、手続の安定が図れないことから、申立時を標準としたものです。

　このように日本の裁判所の管轄権の有無を判断する標準時をプロバイダ責任制限法はその9条7項で定めているのに対し、国内裁判管轄の有無を判断する標準時を定める規定は設けられていません。国内裁判管轄については非訟事件手続法9条で「裁判所の管轄は、非訟事件の申立てがあった時又は裁判所が職権で非訟事件の手続を開始した時を標準として定める」として管轄の標準時を定める規定があることから、かかる規定を設ける必要がないとの考慮によるものです[57)]（図3-3-5）。

【図3-3-5：裁判管轄の標準時を定める規定】

	開示命令の申立ての管轄の有無を判断する標準時
国際裁判管轄	申立時（法9条7項）
国内裁判管轄	申立時（非訟9条）

56)　前掲注42)参照。
57)　一問一答プロバイダ責任制限法 Q61（79頁）。

(e)　提供命令及び消去禁止命令の国際裁判管轄

　提供命令及び消去禁止命令の申立てについては、プロバイダ責任制限法に国際裁判管轄の定めが置かれていません。すなわち、法 9 条 1 項は「発信者情報開示命令の申立てについて」とあるように、法 9 条は発信者情報開示命令の申立てについての国際裁判管轄を定めたものであり、提供命令及び消去禁止命令の申立ての国際裁判管轄を定めるものではありません。このように、提供命令及び消去禁止命令の申立てについて国際裁判管轄を明示的に規定していないのは、これらの申立てが開示命令事件を本案とする付随的事項であることから、その国際裁判管轄も開示命令事件の管轄に従うという関係にあるためです。具体的には、開示命令事件について、日本の裁判所の管轄権が認められる場合に、提供命令事件及び消去禁止命令事件の管轄権も認められることとなります[58]。

【コラム 4 ：準拠法】

　国際裁判管轄が定まれば、原則として裁判管轄を有する裁判所が、当該裁判所が属する地（法廷地）の国際私法に基づいて、どの国の実体法を適用するのか（準拠法）を決めることとなります。

　この点について、通則法 17 条は「不法行為によって生ずる債権の成立及び効力は、加害行為の結果が発生した地の法による」（結果発生地）ものとし、例外的に、「その地における結果の発生が通常予見することのできないものであったときは、加害行為が行われた地」（加害行為地）の法によるものとしています。また、同法 19 条は、「第 17 条の規定にかかわらず、他人の名誉又は信用を毀損する不法行為によって生ずる債権の成立及び効力は、被害者の常居所地法（被害者が法人その他の社団又は財団である場合にあっては、その主たる事業所の所在地の法）による。」として、名誉毀損等の不法行為の準拠法について特則を設けています。

　例えば、外国法人の提供する日本向けの SNS サービスにおける名誉を毀損する投稿について開示請求を行う場合には、同法 19 条により、被害者の常居所地法である日本法が準拠法になります。

---

(2)　国内裁判管轄

　プロバイダ責任制限法の施行（平成 14 年 5 月）後の約 20 年間の蓄積に

---

58)　一問一答プロバイダ責任制限法 Q47（63 頁）。

より、発信者情報開示請求訴訟の国内裁判管轄が民事訴訟法に基づいて処理されていることを考慮して、民事訴訟法におけるのと同程度の規律を設けつつ、競合管轄等の発信者情報開示制度に応じた管轄が定められています。

　また、開示命令事件には非訟事件手続法が適用されるところ、同法にも国内裁判管轄の規定があります。そのため、非訟事件手続法の管轄に関する規定（同法5条から10条まで）の一部は開示命令事件に適用されることとなりますが、その適用関係は**図3-3-6**記載のとおりです[59]。

【図3-3-6：非訟事件手続法の管轄に関する規定の開示命令事件への適用関係】

非訟事件手続法の管轄に関する規定	開示命令事件
5条（管轄が住所地により定まる場合の管轄裁判所）	法10条
6条（優先管轄等）	適用
7条（管轄裁判所の指定）	適用
8条（管轄裁判所の特則）	法10条2項
9条（管轄の標準時）	適用
10条（移送等に関する民事訴訟法の準用等）	適用

※表中左欄の条文は非訟事件手続法を指し、右欄はプロバイダ責任制限法を指します。
※逐条解説プロバイダ責任制限法163頁参照。

(a)　開示命令の申立ての国内裁判管轄

　発信者情報開示命令の申立ての国内裁判管轄は、相手方に応じて、以下の(i)及び(ii)に定める地方裁判所の管轄に属することとなります（法10条）[60]。

　ここで法10条が第一審裁判所を「地方」裁判所としたのは、開示命令事件の中には、内容が複雑な場合があり、開示要件該当性の判断が必ずし

---

59)　一問一答プロバイダ責任制限法「資料4　新法と非訟事件手続法の適用関係表」をもとに作成。
60)　法10条は性質の異なる事項を一つの条にまとめていますが、こうした用例として、民事保全法12条、破産法5条等が挙げられます。他方、一定の事項毎に条を異にする用例として民事訴訟法や非訟事件手続法等が挙げられます。

も容易ではない場合も存在するなど（例えば、口コミサイトのレビューをめぐる権利侵害性の判断など。）一定の専門性を必要とすることを考慮したものです[61]。

　なお、発信者を特定した後に想定される発信者に対する損害賠償請求訴訟では「不法行為があった地」を管轄する裁判所を管轄裁判所とすることができる（民訴 5 条 9 号）ことや被害者の便宜などを理由に、被害者の住所地を管轄する裁判所を管轄裁判所とすべきであるとの指摘がなされることがありますが、被害者の住所地は管轄原因として認められていません。これは、国内裁判管轄の規定が、相当な準備をして申立てをする申立人と申立てを受ける相手方との立場の相違を、相手方の事務所等の所在地に申立てをさせることによって調整を図ったものであり、「原告は被告の法廷に従う」という民事訴訟法の原則に基づくためです[62]。

　　（i）　法人その他の社団又は財団を相手方とする場合（**図 3-3-7**）

　法人その他の社団又は財団を相手方とする場合については、法 10 条 1 項 3 号及び同条 2 項が原則的な処理を規定するほか、競合管轄（同条 3 項）、合意管轄（同条 4 項）及び専属管轄（同条 5 項から 7 項まで）の規定があります。具体的には、次のとおりです。

①　相手方である法人等の主たる事務所又は営業所の所在地を管轄する地方裁判所（法 10 条 1 項 3 号イ）

（及び）

②　開示命令の申立てが相手方の事務所又は営業所における業務に関するものであるときは、当該事務所又は営業所の所在地を管轄する地方裁判所（法 10 条 1 項 3 号ロ）[63]

③　（上記①及び②の）事務所又は営業所が日本国内にないときは、代表者その他の主たる業務担当者の住所の所在地を管轄する地方裁判所（法 10 条 1 項 3 号柱書括弧書）

④　上記①から③までに該当しない場合には、「管轄裁判所が定まらないとき」（法 10 条 2 項）に該当するものとして、最高裁判所規則で

---

61)　逐条解説プロバイダ責任制限法 163 頁、一問一答プロバイダ責任制限法 Q54（72 頁）。

62)　一問一答プロバイダ責任制限法 Q59（77 頁）。

定める地である東京都千代田区を管轄する東京地方裁判所（開示規1条）[64)65)]

⑤　（上記①から④までに定める相手方の所在地等に着目した原則的な管轄原因により定まる地方裁判所に加えて）相手方の所在地が東日本である場合には東京地方裁判所、西日本である場合には大阪地方裁判所（法10条3項）[66)]

⑥　（上記①から⑤までに定める場合のほか）当事者間の合意により定められた地方裁判所（法10条4項）

なお、特許権等の侵害を理由とする開示命令の申立て及び提供命令を利用した場合等については、法所定の裁判所の専属管轄となります（法10条5項から7項まで）。

(ii)　自然人を相手方とする場合（図 3-3-7）

自然人を相手方とする場合については、法10条1項1号及び同条2項が原則的な処理を規定するほか、競合管轄（同条3項）、合意管轄（同条4項）及び専属管轄（同条5項から7項まで）の規定があります。具体的に

---

63)　法10条1項3号ロにおける事務所又は営業所は、「主たる」事務所又は営業所であることを要しません。なお、同号ロの管轄原因が認められたのは、開示命令の申立てに関する業務を行っている事務所等は、当該業務に関しては住所に準ずるものとみることができるほか、証拠の収集や事情を熟知した者の関与のしやすさといった観点からも、その事務所等の所在する地を管轄する地方裁判所の管轄権を認めるのが便宜であるし、当事者間の公平を害しないものと考えられたことによるといえます。この同号ロの適用が想定される場合としては、例えば、海外展開をしている日本法人の事業実態として、主たる営業所は外国にあって日本国内の営業所は主たる営業所ではないと考えられる場合において、企画・広報・営業などの事業の中核を外国において担い、日本国内ではインターネット上で提供するサービスの管理業務のみを行っているような場合などが考えられます（逐条解説プロバイダ責任制限法165頁以下参照）。

64)　法10条2項によれば、プロバイダ責任制限法10条1項の「規定又は他の法令の規定により管轄裁判所が定まらないとき」とされていますが、令和3年改正当時において、「他の法令の規定」にいう法令は具体的に想定されているものではありません。もっとも、将来において他の法令が定められる可能性があることに配慮してかかる文言が規定されたものと考えられます。

65)　法10条2項については、非訟8条に同趣旨の規定があります。それにもかかわらず、法10条2項が定められたのは、検索の利便性に配慮したためです（法10条2項がない場合、プロバイダ責任制限法10条を確認したのちに、非訟8条を確認し、さらに開示規1条を確認することとなりますが、それでは条文の確認に手間を要することに配慮したものです。）。

66)　法10条3項の競合管轄については**本節・3・(2)・(c)**を参照のこと。

は、次のとおりです。

① 相手方である自然人の住所の所在地を管轄する地方裁判所（法10条1項1号）[67]

② 上記①の住所が日本国内にないとき又はその住所が知れないときは、その居所の所在地を管轄する地方裁判所（法10条1項1号括弧書）[68]

③ 上記②の居所が日本国内にないとき又はその居所が知れないときは、その最後の住所の所在地を管轄する地方裁判所（法10条1項1号括弧書）[69]

④ 上記①から③までに該当しない場合には、「管轄裁判所が定まらないとき」（法10条2項）に該当するものとして、最高裁判所規則で定める地である東京都千代田区を管轄する東京地方裁判所（開示規1条）

⑤ 上記①から④までに定める相手方の所在地等に着目した原則的な管轄原因により定まる地方裁判所に加えて、相手方の所在地が東日本である場合には東京地方裁判所、西日本である場合には大阪地方裁判所（法10条3項）

⑥ （上記①から⑤までに定める場合のほか）当事者間の合意により定められた地方裁判所（法10条4項）

また、大使、公使その他外国に在ってその国の裁判権からの免除を享有する日本人を相手方とする場合、法10条1項1号の規定により国内裁判管轄が定まらない場合（例えば外国で出生した外交官の家族を相手方とする場合）があり得ることから、こうした者に対する申立ての途を閉ざさないため、法10条1項1号の規定により「管轄が定まらないとき」には、最高裁判所規則で定める地である東京都千代田区を管轄する東京地方裁判所に国内裁判管轄が認められています（法10条1項2号、開示規1条）[70]。

---

67) 「住所」とは、法9条におけるのと同様に、生活の本拠を意味します。

68) 「居所」とは、法9条におけるのと同様に、生活の本拠ではないものの多少の時間継続して居住する場所を意味します。

69) 自然人に関しては、住所→居所→最後の住所という順に管轄原因を定めています。

70) 民訴4条3項と同趣旨の規定であるといえます。

　なお、特許権等の侵害を理由とする開示命令の申立て及び提供命令を利用した場合等については、法所定の裁判所の専属管轄となります（法10条5項から7項まで）。

　(b)　原則的な裁判管轄

　発信者情報開示命令の申立ては、相手方の所在地等に着目して、原則的な裁判管轄が法10条1項及び2項において定められています。

　(i)　法人その他の社団又は財団を相手方とする場合

　法人その他の社団又は財団を相手方とする場合については、①相手方である法人等の主たる事務所又は営業所の所在地を管轄する地方裁判所（法10条1項3号イ）及び②開示命令の申立てが相手方の事務所又は営業所における業務に関するものであるときは、当該事務所又は営業所の所在地を管轄する地方裁判所（同号ロ）、③これらの事務所等が日本国内にないときは、代表者その他の主たる業務担当者の住所の所在地を管轄する地方裁判所（同号柱書括弧書）、の管轄に属することとなります。④これらのいずれもがないために管轄裁判所が定まらないときは、「管轄裁判所が定まらないとき」（法10条2項）に該当するものとして、最高裁判所規則で定める地である東京都千代田区を管轄する東京地方裁判所の管轄に属することとなります（開示規1条）。

　(ii)　自然人を相手方とする場合

　自然人を相手方とする場合については、①相手方である自然人の住所の所在地を管轄する地方裁判所（法10条1項1号）、②この住所が日本国内にないとき又はその住所が知れないときは、その居所の所在地を管轄する地方裁判所（同号括弧書）、③この居所が日本国内にないとき又はその居所が知れないときは、その最後の住所の所在地を管轄する地方裁判所（同号括弧書）、の管轄に属することとなります。④これらのいずれもがないために管轄裁判所が定まらないときは、「管轄裁判所が定まらないとき」（法10条2項）に該当するものとして、最高裁判所規則で定める地である東京都千代田区を管轄する東京地方裁判所の管轄に属することとなります（開示規1条）（図3-3-7）。

　(c)　競合管轄

　発信者情報開示命令の申立てに関する国内土地管轄については、相手方

【図 3-3-7：法人その他の社団又は財団を相手方とする場合の国内裁判管轄の定まり方】

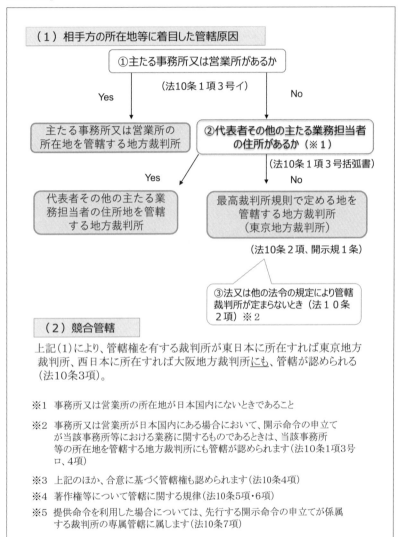

（2）競合管轄

上記（1）により、管轄権を有する裁判所が東日本に所在すれば東京地方裁判所、西日本に所在すれば大阪地方裁判所に<u>も</u>、管轄が認められる（法10条3項）。

※1　事務所又は営業所の所在地が日本国内にないときであること

※2　事務所又は営業所が日本国内にある場合において、開示命令の申立てが当該事務所等における業務に関するものであるときは、当該事務所等の所在地を管轄する地方裁判所にも管轄が認められます（法10条1項3号ロ、4項）

※3　上記のほか、合意に基づく管轄権も認められます（法10条4項）

※4　著作権等について管轄に関する規律（法10条5項・6項）

※5　提供命令を利用した場合については、先行する開示命令の申立てが係属する裁判所の専属管轄に属します（法10条7項）

の所在地等を管轄する地方裁判所に加えて、東京地方裁判所又は大阪地方裁判所にも裁判管轄が認められています（法10条3項）。具体的には、法10条1項及び2項の規定に従い、東日本を管轄する地方裁判所が管轄権を有することとなる場合には東京地方裁判所にも管轄が認められ、西日本を管轄する地方裁判所が管轄権を有することとなる場合には大阪地方裁判所にも管轄が認められることとなります[71]。

　例えば、横浜市に所在するプロバイダを相手方として開示命令の申立てを行う場合、横浜地方裁判所に加えて、東京地方裁判所も管轄裁判所となります。これにより、開示命令の申立てを行おうとする者は、適切と考える裁判所を選択することができます。

　このような競合管轄の定めが設けられたのは、開示命令事件について充実した審理を迅速に行うためには、裁判所に同種事件についての実務経験の蓄積があり、事件処理のための体制も整っていることが望ましいところ、改正法の成立した令和3年当時においては多くの発信者情報開示仮処分の申立て及び発信者情報開示請求訴訟が東京地方裁判所又は大阪地方裁判所において処理されており、これらの地方裁判所が特段の知見を有していると考えられることに配慮したものです[72]（図3-3-8）。

　(d)　合意管轄

　開示命令事件は、発信者特定後の損害賠償請求等という私的な請求権を実現するための手段であり、それ自体に強度の公益上の要請がある事件類型ではないことから、当事者の合意による地方裁判所の選択を許容する理由があるものとして、合意管轄が設けられています（法10条4項）。具体

---

71)　東日本を管轄する裁判所とは「東京高等裁判所、名古屋高等裁判所、仙台高等裁判所又は札幌高等裁判所の管轄区域内に所在する地方裁判所（東京地方裁判所を除く。）」であり、西日本を管轄する裁判所とは「大阪高等裁判所、広島高等裁判所、福岡高等裁判所又は高松高等裁判所の管轄区域内に所在する地方裁判所（大阪地方裁判所を除く。）」です（法10条3項1号及び2号）。

72)　一問一答プロバイダ責任制限法 Q56（74頁）。なお、令和3年当時において多くの発信者情報開示仮処分の申立て及び発信者情報開示請求訴訟が東京地方裁判所又は大阪地方裁判所において処理されているのは、仮処分や訴訟事件の管轄が基本的には債務者／被告住所地であるところ、開示請求の相手方の多くが東京都又は大阪府に所在していること（定まらないときは東京地方裁判所）が背景にあるものと考えられます。

【図3-3-8：競合管轄】

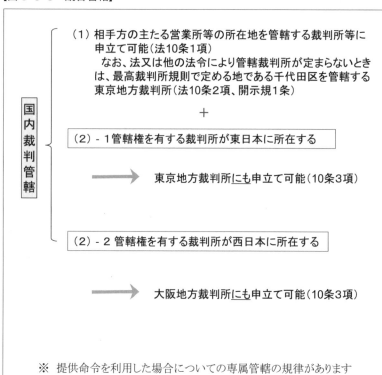

国内裁判管轄

（1）相手方の主たる営業所等の所在地を管轄する裁判所等に申立て可能（法10条1項）
　　なお、法又は他の法令により管轄裁判所が定まらないときは、最高裁判所規則で定める地である千代田区を管轄する東京地方裁判所（法10条2項、開示規1条）

＋

（2）-1管轄権を有する裁判所が東日本に所在する

→　東京地方裁判所にも申立て可能（10条3項）

（2）-2管轄権を有する裁判所が西日本に所在する

→　大阪地方裁判所にも申立て可能（10条3項）

※　提供命令を利用した場合についての専属管轄の規律があります
（法10条7項）

的には、民事訴訟法における規律と同様に、付加的合意と専属的合意を認めるものです[73]。

　もっとも、「当事者が合意で定める地方裁判所の管轄に属する」（法10条4項前段）とあるように、簡易裁判所を管轄裁判所とすることは許容されていません。これは、前述のとおり、開示命令事件の中には内容が複雑

---

[73]　法10条4項前段は「発信者情報開示命令の申立ては、当事者が合意で定める地方裁判所の管轄に属する。」と規定していることや、法15条1項及び法16条1項が「本案の発信者情報開示命令事件が係属する裁判所は（中略）命ずることができる。」と規定しているように、提供命令事件及び消去禁止命令事件についてのみ、本案である開示命令事件の係属する地方裁判所と異なる地方裁判所に属する旨の合意は許容されていません。

な場合があり、開示要件該当性の判断が必ずしも容易ではない場合も存在
するなど一定の専門性を必要とすることから、簡易裁判所で取り扱うこと
が適当ではないとの考慮に基づくものです。

　このような合意管轄は、書面又は電磁的記録による方式でなされなけれ
ば、その効力を生じません（法 10 条 4 項後段）。

　なお、民事訴訟法 11 条に相当する規定を設けながら、同条における
「一定の法律関係に基づく訴えに関し」との要件と同様の要件を設けてい
ないのは、当該要件が不要との趣旨ではなく、法の想定する開示命令事件
が「一定の法律関係に基づく」申立てであることが明らかであることか
ら、設ける必要がないためです[74]。

(e)　特許権等に関する専属管轄

（i）　特許権等の侵害を理由とする開示命令の申立ての専属管轄

　特許権、実用新案権、回路配置利用権又はプログラムの著作物について
の著作者の権利（以下「特許権等」といいます。）を侵害されたことを理由
とする開示命令の申立ての国内裁判管轄は、東京地方裁判所又は大阪地方
裁判所の専属管轄となります。具体的には、法 10 条 1 項から 4 項までの
規定に従い、東日本を管轄する地方裁判所が管轄権を有することとなる場
合には東京地方裁判所の専属管轄となり、西日本を管轄する地方裁判所が
管轄権を有することとなる場合には大阪地方裁判所の専属管轄となりま
す[75]。

　例えば、川崎市に所在する法人を相手方として、プログラムの著作権侵
害を理由とする開示命令の申立てを行う場合、法 10 条 1 項 3 号イにより
横浜地方裁判所川崎支部に管轄が認められ、また、同条 3 項 1 号により東
京地方裁判所にも管轄が認められるようにも思えますが、東日本を管轄す
る地方裁判所が管轄を有することとなる場合として、同条 5 項 1 号により
東京地方裁判所のみが管轄裁判所となります。

---

74)　逐条解説プロバイダ責任制限法 170 頁以下、一問一答プロバイダ責任制限法 Q57
　　（75 頁）。
75)　東日本を管轄する裁判所とは「東京高等裁判所、名古屋高等裁判所、仙台高等裁
　　判所又は札幌高等裁判所の管轄区域内に所在する地方裁判所」であり、西日本を管轄
　　する裁判所とは「大阪高等裁判所、広島高等裁判所、福岡高等裁判所又は高松高等裁
　　判所の管轄区域内に所在する地方裁判所」です（法 10 条 5 項 1 号及び 2 号）。

　特許権等については専門技術的要素が強い類型であることから、特許権侵害を理由とする開示命令の申立てについて充実した審理を迅速に行った上で判断を下すためには、特許権等の事件について蓄積を有する裁判所の専属管轄とすることが合理的であると考えられたことから、特許権等に関する訴えについて東京地方裁判所又は大阪地方裁判所の専属管轄とする民事訴訟法 6 条 1 項と同様の定めが設けられたものです[76]。

　法 10 条 5 項の適用が想定される場面としては、インターネット上で特許製品であるプログラムを誰でも自由にダウンロードすることで取得できるようサーバにアップロードする場合が考えられます[77]。

　　　(ii)　特許権等の侵害を理由とする開示命令事件についての決定に対する即時抗告の専属管轄

　特許権等を侵害されたことを理由とする開示命令事件についての決定に対する即時抗告の国内裁判管轄は、東京高等裁判所の専属管轄となります（法 10 条 6 項）[78]。

　例えば、特許権等の侵害が問題となっている開示命令事件（大阪地方裁判所に係属）における消去禁止命令に対して即時抗告を行う裁判所は、大阪高等裁判所ではなく、東京高等裁判所となります（法 10 条 6 項）。

　特許権等を侵害されたことを理由とする発信者情報開示命令の申立ては、法 10 条 5 項に従い、東京地方裁判所又は大阪地方裁判所の専属管轄となりますが、当該事件について大阪地方裁判所が行った決定に対する即

---

76)　民訴 6 条 1 項は、特許権等に関する訴えは専門技術的な要素がとくに強く、その審理には、高度の自然科学の知識が必要となることが多いことから、充実した審理を迅速に行うためには、同種事件についての蓄積があり、事件処理のための体制も整っている裁判所の専属管轄とすることが望ましいという趣旨で、特許権等に関する訴えの専属管轄を定めるものです（伊藤眞ほか『コンメンタール民事訴訟法 I〔第 3 版〕』（日本評論社、2021 年）236 頁以下参照）。なお、民訴 20 条の 2 に相当する規定（特許権等に関する事件であるものの専門性が高くないと判断される事件についての移送を認めた規定）を設けていないのは、移送には時間を要するため迅速性に逆行する可能性があること、専門性が高くないと判断される事件であっても専門性のある裁判所の方が円滑に審理することが可能であることが理由であると考えられます。

77)　こうした場合が権利侵害となり得ることについて、中山信弘ほか編著『新・注解特許法〔第 2 版〕上巻』（青林書院、2017 年）49 頁を参照。

78)　即時抗告が可能な決定としては、例えば、提供命令や消去禁止命令に対する即時抗告（法 15 条 5 項、16 条 3 項）のほか、忌避の申立てを却下する決定や手続上の救助の決定などが挙げられます（非訟 13 条 9 項、29 条 2 項による民訴 86 条の準用）。

時抗告であっても、大阪高等裁判所ではなく、東京高等裁判所の専属管轄
となります。また、条文上、「前項第二号に定める裁判所がした」（大阪地
方裁判所）として、法 10 条 5 項 1 号に定める東京地方裁判所が行った決
定について規定されていないのは、東京地方裁判所がした決定に対する即
時抗告の上級審は東京高等裁判所であることから、敢えて規定する必要が
ないとの考慮によるものと考えることができます。

　このように抗告審が東京高等裁判所の専属管轄に一本化されたのは、特
許権等の侵害を理由とする開示命令の申立てについては専属管轄とされて
いるところ（法 10 条 5 項）、その趣旨は抗告審においても妥当するものと
考えられることから、特許権等に関する訴えについての終局判決に対する
控訴審を東京高等裁判所の専属管轄とする民事訴訟法 6 条 3 項と同様の定
めが設けられたものです[79]（図 3-3-9）。

　　(iii)　特許権等の侵害を理由とする開示命令の申立てについての決定
　　　　　に対する異議の訴えとの関係

　特許権等の侵害を理由とする開示命令の申立てについての決定に対する
異議の訴えは当該決定をした裁判所の管轄に専属します（法 14 条 2 項）。
すなわち、この開示命令の申立てについては、東京地方裁判所又は大阪地
方裁判所の専属管轄となるため、異議の訴えも、専門的知識を有する人的
体制を備えた裁判所である東京地方裁判所又は大阪地方裁判所の管轄に専
属することとなります。

　この点に関連して、特許権等の侵害を理由とする開示命令の申立てにつ
いての決定に対する異議の訴えは、特許権等の侵害が問題となっている専
門的知識を有する人的体制を備えた裁判所で審理されるべきであるから、
「特許権等に関する訴え」（民訴 6 条 3 項）に該当するものと考えることが
できます[80]。そのため、この異議の訴えにおける終局判決に対する控訴

---

79)　民訴 6 条 3 項は終局判決に対する控訴について規定するものであり、即時抗告に
　　ついて規定するものではありませんが、訴えの付随事件に係る抗告（例えば、文書提
　　出命令に対する即時抗告等）についても、一般に実務上、民訴 6 条 3 項の規定を準用
　　（又は類推適用）して東京高等裁判所に専属させる解釈が採られていることから、抗
　　告審が東京高等裁判所の専属管轄となるよう、民事訴訟法との整合性を確保したもの
　　といえます（牧野利秋ほか編『知的財産訴訟実務大系Ⅲ』（青林書院、2014 年）408
　　頁以下参照）。この点について、逐条解説プロバイダ責任制限法 173 頁注 11。

【図3-3-9：特許権侵害の管轄関係図】

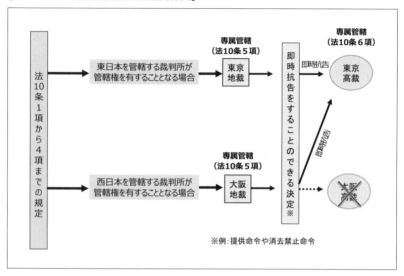

は、東京高等裁判所の管轄に専属するものと考えることができます。

　例えば、特許権等の侵害を理由として大阪地方裁判所に開示命令の申立てを行い、その決定に対して異議の訴えを提起する場合には大阪地方裁判所に専属することとなります（法14条2項）が、この大阪地方裁判所の終局判決に対する控訴は、大阪高等裁判所ではなく、東京高等裁判所の管轄に専属するものと考えることができます（民訴6条3項）。このように解釈することが、特許権等の侵害が問題となる専門技術的な事件類型を東京高等裁判所に集約しようとする民訴6条3項の趣旨に沿うものといえます。

　(f)　提供命令を利用した場合における専属管轄

　開示命令手続は旧制度下の課題であった発信者を特定するためには通常少なくとも二段階の裁判手続が必要であるという課題に対応するために創設されたものですが、一体的な手続を実現するためには、前提として、開示命令事件が同一の裁判所に係属していることが必要です。そこで、申立人が提供命令を利用した場合については、専属管轄の規定が設けられてい

---

80)　逐条解説プロバイダ責任制限法174頁注13。

ます（法10条7項）。具体的には、申立人が、開示命令の申立てを本案とする提供命令（法15条1項1号）に基づく氏名等情報の提供により判明した他の開示関係役務提供者を相手方として開示命令の申立てを行う場合、当該他の開示関係役務提供者を相手方とする開示命令の申立ては、先行する開示命令事件が係属する裁判所の管轄に専属することとなります。

　このように先行する事件と後行する事件とを同一の裁判所に係属させることで、裁判所の裁量により両事件を併合の上、同一の裁判所において審理・判断をさせることが手続経済に資するものといえます（非訟35条1項）[81]。

　この専属管轄の規定が想定している場面を具体例に即して説明をすると次のとおりであり、原則的なケースとそれ以外のケースに大別することができます。

　　（ⅰ）　原則的なケース

　原則的なケースとは、提供命令により提供された氏名等情報により判明した他の開示関係役務提供者が発信者の氏名及び住所を保有している場合が想定されます（図3-3-10）。

　例えば、申立人Xが東京都千代田区に所在するコンテンツプロバイダY1に対して、IPアドレス等の開示を求める開示命令の申立て及び提供命令の申立てを同時に行い、裁判所からY1に対して提供命令（Y1の保有するIPアドレス等をもとに特定される他の開示関係役務提供者の氏名等情報をXに提供することなど。）が発令されたとします。この提供命令（法15条1項1号）に従い、Y1は、Xに対して、他の開示関係役務提供者が大阪府大阪市に所在するY2である旨の氏名等情報の提供を行うこととなりますが、これによりXはY2に対して発信者の氏名及び住所の開示を求める開示命令の申立てをすることになります。このXからY2に対する後行の開示命令の申立てに係る事件（法10条7項1号）の管轄は、Y1に対する開

---

81)　仮にコンテンツプロバイダと経由プロバイダに対する開示命令事件の申立てが別々の地方裁判所において審理されるのであれば、同一の侵害情報についての判断であるにもかかわらず、申立人が要件充足性について同趣旨の主張書面を提出し、また裁判所もそれぞれ決定をする必要があるなど、手続経済の観点から相当でない場面が想定できます。

【図3-3-10：提供命令を利用した場合の専属管轄】

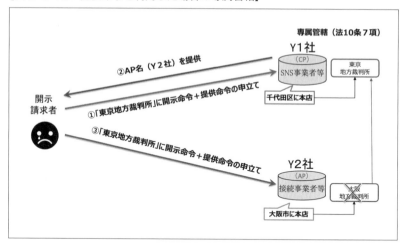

示命令事件が東京地方裁判所に係属している限り、Y2の所在地にかかわらず、先行するY1に対する開示命令事件（同項2号）が係属する東京地方裁判所の専属にすることとなります。

　したがって、XのY2に対する開示命令の申立ては、法10条1項の国内裁判管轄に関する原則的な規定に従い大阪地方裁判所となるのではなく、同条7項により東京地方裁判所に対して行うこととなります[82]。

　このようにしてY1とY2に対する開示命令事件を同一の裁判所に係属させることで、裁判所の裁量により、先行するY1と後行するY2に対する申立てを併合の上、審理・決定することが可能となります（非訟35条1項）。

　　(ⅱ)　原則的なケース以外のケース（MVNOなどが介在するケース）

　上記(ⅰ)の原則的なケースは、提供命令に基づいて申立人Xに氏名等情報を提供された他の開示関係役務提供者Y2が発信者の氏名及び住所を保有している場合を想定していました。もっとも、Y2が発信者の氏名及び住所を保有しているかはY2にしか分からないところ、Y2が発信者の氏

82）「前各項の規定にかかわらず、……専属する」（法10条7項）とあるように、法10条1項以外の規定による管轄原因も認められず、同条7項による管轄原因だけが認められます。

名等の発信者情報を保有していない場合もあります[83]（図 3-3-11）。

　例えば、上記(i)の例において、X が Y2 を相手方として発信者の氏名及び住所の開示を求める開示命令の申立てを行った結果[84]、Y2 からの連絡や反論により、Y2 が開示命令の申立てに係る IP アドレスを MVNO に貸し出した MNO であり、Y1 から提供された IP アドレス等から特定されるであろう発信者の氏名及び住所を保有していないことが判明することがあり得ます。

　この場合、X は、Y2（MNO）に対して他の開示関係役務提供者（MVNO）の氏名等情報を提供することを求める提供命令の申立てを行うことが考えられます。発令された提供命令により、Y2 は、申立人に対して、他の開示関係役務提供者である宮城県仙台市に所在する Y3（MVNO）の氏名等情報を提供することとなります（法 15 条 1 項）。

　Y3 の氏名等情報の提供を受けた X は、Y3 に対して発信者の氏名及び住所の開示を求める開示命令の申立てを行うこととなりますが、Y1 又は Y2 に対する開示命令事件が東京地方裁判所に係属している限り[85]、Y3 の所在地にかかわらず、開示命令の申立てに係る開示命令事件（法 10 条 7 項 1 号）は当該提供を行った上記プロバイダ Y2 を相手方とする開示命令事件（同項 2 号）が係属する裁判所である東京地方裁判所の管轄に専属することとなります。

---

83)　典型的には MVNO（後掲第 4 章注 11）参照）、MNO（後掲第 4 章注 9）参照）が介在する場合（本文のようなパターンを以下「MVNO パターン」といいます。）が想定できますが、例えば、MVNE（後掲第 4 章注 8）参照）も介在する場合もあります。本文では、便宜上、MVNO、MNO が介在する場合を例に説明をしています。

84)　申立人としては裁判外での開示請求を行うことで Y2 が氏名及び住所を保有しているかどうかを確認することも考えられますが、Y1 の保有する IP アドレス等の発信者情報の提供が Y2 に対してなされない限り Y2 としては発信者の氏名及び住所を保有しているかを確認することができない状況にあります。この Y1 から Y2 に対する IP アドレス等の発信者情報の提供は、申立人が Y2 に対する開示命令の申立てをした旨の通知を Y1 に対して行うことが条件となっています（法 15 条 1 項 2 号）。そのため、申立人としては、Y2 に対して開示命令の申立てを行うことが必要となります。

85)　MNO である Y2 を相手方とする開示命令事件が取下げ等により終了している場合であっても、コンテンツプロバイダである Y1 を相手方とする開示命令事件が係属している限り、当該事件が「当該提供に係る侵害情報についての他の発信者情報開示命令事件」（法 10 条 7 項 2 号）に該当するものとして、Y1 を相手方とする開示命令事件が係属する裁判所に専属すると考えることが可能です。

【図3-3-11：提供命令を利用した場合の専属管轄（多層構造の場合）】

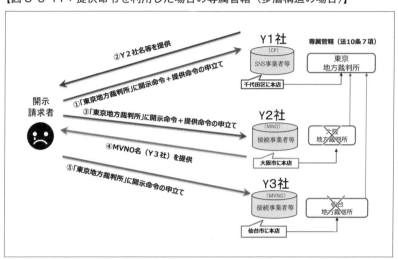

　これにより、裁判所の裁量により先行する事件と後行する事件とを併合の上、審理・決定することが可能となります（非訟35条1項）。

　　　　(ⅲ)　原則的なケース以外のケース（多数のプロバイダが介在するケース）

　上記(ⅱ)のケースでは、MNOであるY2、MVNOであるY3とコンテンツプロバイダY1以下に二者のプロバイダが介在するケースを想定していましたが、実際には二者以上のプロバイダが介在する場合もあります。

　例えば、コンテンツプロバイダY1により特定された他の開示関係役務提供者Y2が他の開示関係役務提供者Y3を特定し、Y3は他の開示関係役務提供者Y4を特定し、さらにY4は他の開示関係役務提供者の特定を行う、といった形で発信者の氏名及び住所を保有しない他の開示関係役務提供者が順次判明した場合には、先行する開示命令事件の係属する裁判所に専属することになるものと考えられます（法10条7項）。

　これは、コンテンツプロバイダY1に対する開示命令の申立てを前提とする提供命令により他の開示関係役務提供者の氏名等情報が判明したことを起点として、順次、関係する他の開示関係役務提供者の氏名等情報が判明する場合、係属する裁判所において審理・判断をさせることが手続経済

に資することから、このように考えることが一体的な手続を実現するために設けられた法10条7項の趣旨に沿うものといえるからです。

　こうした点を上記(ii)のMVNOパターンを例に考えれば、MVNOを相手方とする開示命令事件は、①MNOであるY2に対する開示命令事件の係属する裁判所があれば当該裁判所の管轄に専属し、②①がなければコンテンツプロバイダY1に対する開示命令事件の係属する裁判所に専属し、③さらに②がなければ法10条7項以外の法10条の規定に従い管轄裁判所が定まることになるものと考えられます（図3-3-11）。

　　(iv)　法10条7項各号の想定するケース

　法10条7項が想定しているケースは上記(i)から(iii)までに記載のとおりですが、これをもとに同項各号が想定する場合をまとめると次の**図3-3-12**に記載のとおりとなります[86]。

　　(v)　法10条7項の専属管轄の規律が及ばないケース

　「当該提供を受けた者の申立てに係る第二号に掲げる事件が係属するときは」（法10条7項）とあるように、先行する開示命令事件である「第二号に掲げる事件」（典型的にはコンテンツプロバイダY1を相手方とする開示命令事件）が係属していないときには専属管轄の規律が及びません。例えば、東京都に所在するコンテンツプロバイダY1に対する開示命令及び提供命令の申立てを東京地方裁判所に行い、同裁判所からの提供命令に従い、Y1が「他の開示関係役務提供者」が大阪府に所在するプロバイダY2（経由プロバイダを想定）である旨の提供を行った場合において、申立人がY2に対する開示命令の申立てを行う前の段階で、Y1に対する開示命令の申立てを取り下げたときには、「係属する」事件がなくなることから、東京地方裁判所の専属管轄となる旨の規律は及ばないこととなります。こうした場合にまで、先行する開示命令事件の管轄に着目した専属管轄の規律を及ぼす理由がないとの考慮によるものです。

　もっとも、Y1に対する開示命令の申立ての取下げにより、Y1に対する提供命令の効力が失効するため（法15条3項1号）、Y2に対する開示命令の申立てを条件とするY1からY2に対する発信者情報の提供が行われな

---

86)　逐条解説プロバイダ責任制限法175頁以下参照。

い結果、Y2において開示請求の対象となる発信者情報を特定できないこと（Y1からIPアドレス等が提供されないことから、Y2が保有する契約者情報としての氏名及び住所の突合作業ができないことが考えられます。）が想定されます。そのため、こうした場面は提供命令を活用した開示命令の申立てにおいては通常想定できないことから、専属管轄の規律が及ばない場面は理論上はともかくとして、実際上は多くないものと考えられます。

(g)　提供命令及び消去禁止命令の国内裁判管轄

　提供命令及び消去禁止命令の申立てについては、国際裁判管轄におけるのと同様に、プロバイダ責任制限法に国内裁判管轄の定めが置かれていません。すなわち、法10条は、「発信者情報開示命令の申立てについて」とあるように、法10条は開示命令の申立てについての国内裁判管轄を定めたものであり、提供命令及び消去禁止命令の申立ての国内裁判管轄を定めるものではありません。

　このように、提供命令及び消去禁止命令の申立てについて国内裁判管轄を明示的に規定していないのは、これらの申立てが開示命令事件を本案とする付随的事項であることから、その国内裁判管轄も開示命令事件の管轄に従うという関係にあるためです。そこで、提供命令及び消去禁止命令は、いずれも「本案の発信者情報開示命令事件が係属する裁判所は（中略）命ずることができる」（法15条1項、16条1項）と規定されており、これらの事件の国内裁判管轄は開示命令事件が係属する地方裁判所に属することとなります[87]。

---

87)　逐条解説プロバイダ責任制限法215頁及び237頁、一問一答プロバイダ責任制限法Q55（73頁）。

【図 3-3-12：法 10 条 7 項各号の想定するケース】

法 10 条 7 項	想定されるケース
当該他の開示関係役務提供者を相手方とする当該提供に係る侵害情報についての発信者情報開示命令事件（1 号）	(i)提供命令に従いコンテンツプロバイダ Y1 から申立人に氏名等情報を提供された他の開示関係役務提供者 Y2（経由プロバイダ）を相手方として、申立人が申し立てた開示命令事件（一般的なケース） (ii)MNO（Y2）に対する提供命令に従い当該 MNO から申立人にその氏名等情報を提供された他の開示関係役務提供者 Y3（MVNO）を相手方として、申立人が申し立てた開示命令事件（MVNO パターン）
当該提供に係る侵害情報についての他の発信者情報開示命令事件（2 号）	(i)（上段の(i)を前提として）コンテンツプロバイダ Y1 を相手方とする開示命令事件 (ii)（上段の(ii)を前提として）提供命令により判明した MVNO（Y3）に IP アドレスを貸し出した MNO である他の開示関係役務提供者 Y2 を相手方とする開示命令事件 (iii)（上段の(ii)を前提として）MVNO（Y3）を相手方とする開示命令の申立てを行う場合において、当該 MVNO に IP アドレスを貸し出した MNO（Y2）を相手方とする開示命令事件が既に裁判所に係属していないときは、MNO の氏名等情報を申立人に提供したコンテンツプロバイダ Y1 を相手方とする開示命令事件 (iv)多数のプロバイダが介在するケースなど通信経路が相当程度に多層構造であった場合（「コンテンツプロバイダ Y1 により特定された他の開示関係役務提供者 Y2→Y2 により特定された他の開示関係役務提供者 Y3→Y3 により特定された他の開示関係役務提供者 Y4……」といった形で発信者の氏名及び住所を保有しない他の開示関係役務提供者が順次判明した場合）における当該順次判明した他の開示関係役務提供者を相手方とする開示命令事件

※表中の Y1 等は本文の Y1 等を主として念頭に置いたものです。

第4節　手続費用

1　申立てに必要となる費用

　開示命令事件の申立てに必要となる費用（裁判所に納付する手数料）については、民事訴訟費用等に関する法律により定まります（図3-4-1）。

【図3-4-1：法第4章の裁判手続と訴訟手続等における費用の比較】

手続		手数料（印紙代）	根拠法※1
訴訟手続		1万3,000円※2	別表第1第1項
仮処分手続 （消去禁止・開示仮処分）		2,000円	別表第1第11項の2ロ
法第4章の 裁判手続※3	開示命令	1,000円	別表第1第16項イ
	提供命令	1,000円	別表第1第16項イ
	消去禁止命令	1,000円	別表第1第16項イ

※1　民事訴訟費用等に関する法律3条1項
※2　訴訟物の価額が算定不能であるとして、訴訟物の価格160万円に対応する手数料
※3　一個の申立てごと（向井敬二ほか「発信者情報開示命令事件に関する裁判手続の運用について」NBL1226号（2022年）79頁参照）

2　手続費用の負担に関する原則

(1)　開示命令事件における手続費用の負担に関する原則

　開示命令事件における手続費用の負担については、敗訴当事者負担の原則（民訴61条）ではなく、各自負担の原則が採用されています（非訟26条1項）[88]。

　そのため、例えば、発信者情報開示請求訴訟の請求認容判決では「訴訟費用は被告の負担とする。」旨の裁判がなされることがあります[89]が、開

示命令事件においては、上記原則に従う限り、こうした裁判はなされないこととなります。

　各自負担の原則は、簡易迅速な裁判の要請からすると手続費用の償還の問題が生じない規律とするのが相当であること等の考え方に基づいたものであるところ[90]、簡易迅速な処理が求められる開示命令事件では償還の問題が生じない規律とすることが相当であるいえること等から、非訟事件手続法に定める各自負担の原則が維持されたものと考えることができます。

(2)　提供命令事件及び消去禁止命令事件における手続費用の負担に関する原則

　提供命令事件及び消去禁止命令事件は、発信者情報を保全するための迅速な発令に重点を置いた制度であり、敗訴当事者負担の考えを取り入れることが相応しいものではないと考えられることから、同様に各自負担の原則が採用されています（非訟 26 条 1 項）。

【図 3-4-2：法第 4 章の裁判手続と訴訟手続における費用負担の比較】

	民事訴訟	法第 4 章の裁判手続（開示命令・提供命令・消去禁止命令事件）
妥当する規律	敗訴当事者負担の原則	各自負担の原則
根拠規定	民訴 61 条	非訟 26 条 1 項

---

88)　このほかの費用負担に関する規律としては、例えば申立人負担の原則もあります（旧非訟 26 条）。

89)　訴訟において認容判決を言い渡す際、訴訟費用の負担者と負担割合を裁判所が定め、その具体的な金額は裁判所書記官の確定処分により定まる、という手順を踏みます（民訴 67 条 1 項、63 条、64 条、71 条 1 項）。例えば「訴訟費用は被告の負担とする。」との判決がなされても、被告が負担すべき具体的金額は不明であり、その後における訴訟費用額の確定手続において具体的金額を裁判所書記官が定めることで具体的金額が明らかとなります（裁判所職員組合研修所監、渡曾千惠＝田中ゆかり著『民事訴訟等の費用に関する書記官事務の研究』（法曹会、2019 年）67 頁）。

90)　逐条解説非訟法 96 頁以下。

第5節　申立てとその申立書の写しの送付

1　発信者情報開示命令の申立書の写しの交付方法

　開示命令の申立てがあった場合、裁判所は、その申立てが不適法であるとき又は申立てに理由がないことが明らかなときを除き、申立書の写しを相手方に送付しなければならないとされています（法11条1項）[91]。

　非訟事件手続法には申立書の交付方法に関する規定が置かれていない[92]ところ、開示命令事件の手続では、当事者に対する必要的陳述の聴取（法11条3項）が定められていることから、相手方が自らの主張や資料を提出し、申立人の主張への反論をする機会を十分に保障するため、早期に事件の申立てがあったこと及び申立ての内容を知らせるべく、裁判所から送付することとしたものです[93]。

　ここで、裁判所による開示命令事件の申立書の写しの相手方への交付方法としては、「送達」ではなく、「送付」で足りるものとされています。これは、開示命令事件が迅速性の要求される手続であるところ、交付方法として送達としたのでは送達に時間を要する結果として、手続の迅速性が阻害されてしまう場合があることに配慮したものです。

　この送付の具体的内容としていかなる方法を用いるかについては、具体

---

[91]　申立てが不適法であるとき又は申立てに理由がないことが明らかなときに、申立書の写しを送付することを要しないのは、相手方の陳述を聴取しなくとも申立却下決定ができることから、相手方の陳述を聴取する前提としての送付を行う必要がないためです。

[92]　非訟事件手続法において申立書の送付に関する規定は置かれていないのは、非訟事件の申立てがあった場合に、常に全ての事件において申立書を送付するなどの方法により事件係属の通知をするものとすれば、費用や時間等をより要することとなり、簡易迅速な事案の処理が強く要請される非訟事件の手続の理念に反するおそれがあるため、これを全ての非訟事件に義務付けることは相当ではないとの考慮から、必要に応じて、事件の性質や必要性等を踏まえ、個別の法令においてふさわしい規律を設けることとしたものである（一問一答非訟法79頁）。

[93]　一問一答プロバイダ責任制限法Q38（48頁）。

的な事件を担当する裁判所による適正な裁量に委ねられています。もっとも、海外送達を実施する場合には国内における送達と比べて時間を要する結果として、アクセスログが消去されてしまうといった課題[94] があるところ、開示命令の申立ての相手方が日本に拠点を有しない外国法人である場合には、「民事又は商事に関する裁判上及び裁判外の文書の外国における送達及び告知に関する条約」の締結国で同条約第 10 条 a について拒否宣言をしていない国、又は「民事訴訟手続に関する条約」の締結国で同条約 6 条 1 項 1 号について拒否宣言をしていることが確認されていない国に所在するときは、例えば日本郵便株式会社の提供する国際スピード郵便（EMS）により送付することが考えられます[95]。

　なお、民事訴訟手続における訴状の交付方法は送達であり、保全手続（仮処分）における債務者に対する審尋期日の呼出しは相当と認める方法によれば足りるとされています（民訴 138 条 1 項、民保規 3 条 1 項。図 3-5-1）。

【図 3-5-1：各種手続における申立書、訴状及び呼出状の交付方法】

	開示命令手続	民事訴訟手続	保全手続
交付方法	送付	送達	相当と認める方法
根拠規定	法 11 条 1 項	民訴 138 条 1 項	民保規 3 条 1 項

2　発信者情報開示命令の申立書の写しを相手方に送付することができない場合

　裁判所が相手方に対して開示命令の申立書の写しを送付することができない場合[96]（申立書の写しの送付に必要な費用を予納しない場合を含む。）、裁

---

94)　「発信者情報開示の在り方に関する研究会　最終とりまとめ」（2020 年 12 月）31 頁以下参照。

95)　仮処分手続における東京地方裁判所民事 9 部の運用として、例えば、アメリカ合衆国（送達条約締結国でかつ同条約 10 条 a につき拒否宣言をしていない国に所在する外国法人に対する保全手続における審尋期日の呼出しは日本郵便株式会社の EMS を利用しています（仮処分の実務 245 頁以下）。

判長は、相当の期間を定め、その期間内に不備を補正すべきことを命じなければならず（法11条2項による非訟43条4項の準用）、補正を命じられた申立人がその不備を補正しないときは、裁判長は、命令で、申立書を却下しなければならない、とされています（法11条2項による非訟43条5項の準用）。この申立書却下命令に対しては即時抗告をすることができます（法11条2項による非訟43条6項の準用）。

3　提供命令及び消去禁止命令の申立書の写しの交付方法

　提供命令及び消去禁止命令の申立てがあった場合、裁判所は、その申立てが不適法であるとき又は申立てに理由がないことが明らかなときを除き、申立書の写しを相手方に送付しなければならないとされています（開示規4条3項本文）[97]。

　これは、提供命令及び消去禁止命令の発令にあたり相手方の陳述を聴取する必要がある場面が存在し得ることから、相手方の陳述を聴取する前提として、原則として申立書の写しを送付する必要があるためと考えられます。

　もっとも、提供命令及び消去禁止命令の発令にあたり、相手方の陳述を聴取せずとも、発令に必要な要件の充足性を判断できる場合も想定できることから、こうした場合には申立書の写しを送付する必要がありません。そこで、裁判所は、提供命令及び消去禁止命令の申立てについて、相手方の陳述を聴かないで提供命令又は消去禁止命令を発する場合には、申立書の写しを相手方に送付する必要がないものとされています（開示規則4条3項ただし書）。

　提供命令については、その発令にあたり、例えば、「イに掲げる場合に該当すると認めるとき」（法15条1項1号柱書）との要件を充足するかどうかを判断するために（具体的には、提供命令の相手方となる開示関係役務

---

96)　例えば、相手方の住所の表示が不正確である場合などが想定されます。
97)　提供命令事件及び消去禁止命令事件の本案たる開示命令事件の申立書の写しの交付方法としては「送付」で足りるものとされていることとの均衡から、これらの事件においても「送付」で足りるとされたものと考えられます（法11条1項）。

提供者が保有する発信者情報から他の開示関係役務提供者の氏名等情報を特定することができる場合に該当するかを判断すること。)、相手方の陳述を聴取する場合が考えられます。もっとも、提供命令については、「イに掲げる場合に該当すると認めるとき」に該当するかどうかを判断せずに発令することも可能であり（具体的には、提供命令の相手方となる開示関係役務提供者に対して、イ又はロの提供をするよう命じること。)、この要件に該当するかどうかについて相手方の陳述を聴取することなく、裁判所が二択の提供命令を発令することも可能であると考えることができます[98]。

　消去禁止命令については、その発令にあたり、例えば、相手方が発信者情報を保有しているという保有要件の充足性を判断するために（法 16 条 1 項)、相手方の陳述を聴取する場合が考えられます。しかし、申立前の段階において、申立人が消去禁止命令に係る発信者情報を相手方が保有している旨の連絡を受けている場合には、保有要件について相手方の陳述を聴取することなく、裁判所が消去禁止命令を発令することも可能であると考えることができます。

---

98)　「イに掲げる場合に該当すると認めるとき」（法 15 条 1 項 1 号柱書）に該当する場合には、イに定める事項の提供のみを命じることができることとなる（いわば一択の命令）のに対し、これに該当しない場合又はこれへの該当性にこだわらない場合にはイ又はロに規定する提供を命じることとなります（いわば二択の命令。**本章・第 9 節・3・**(1)を参照のこと。)。

第 6 節　審理方法

1　開示命令事件の審理方法

　裁判所が開示命令の申立てについての決定をする場合には、その申立てが不適法又は理由がないことが明らかであるとしてその申立てを却下する決定をするときを除き、当事者の陳述を聴かなければならない、とされています（必要的陳述の聴取。法 11 条 3 項）。

　これは、開示命令事件は、被害者の権利回復の利益と発信者のプライバシー及び表現の自由、通信の秘密の調整を図るという性質上、当事者双方に攻撃防御の機会を十分に保障する必要があることを考慮したものです[99]。

　この開示命令事件における審理方法（陳述の聴取の方法）としてどのような方法によるかは、個別の事案に応じた裁判所の裁量に委ねられている[100]ところ、非訟事件手続における「陳述の聴取」とは、言語的表現による認識、意見、意向等の表明を受ける事実の調査の方法であり、「その方法には特に制限はなく、裁判官の審問によるほか、書面照会（例えば、裁判所が尋ねたい事項を書面に記載して提出することを求めたり、質問事項を記載して回答を求めるもの）等の方法が考えられます。」[101]とされています。そのため、例えば、審問期日を開かずに、書面による「陳述の聴取」の方法をとることもできることとなります[102]。

99）　逐条解説プロバイダ責任制限法 186 頁、一問一答プロバイダ責任制限法 Q39（49 頁）。

100）　「陳述の聴取」の方法を審問の期日において行う方法に限定する制度（類例としては借地借家法 51 条及び会社法 870 条 2 項）などとすることも想定されますが、このような制度とされていないのは開示命令事件における迅速処理の要請に考慮したものと考えられます。

101）　一問一答非訟法 17 頁。

102）　審理方法の例としては、向井敬二ほか「発信者情報開示命令事件に関する裁判手続の運用について」NBL1226 号（2022 年）79 頁を参照のこと。

なお、民事訴訟手続においては「裁判所において口頭弁論をしなければならない」とする必要的口頭弁論の原則が採用され（民訴87条1項本文）、民事保全手続においては「仮処分命令は、口頭弁論又は債務者が立ち会うことができる審尋の期日を経なければ、これを発することができない。」とされています（民保23条4項本文）（図3-6-1）。

【図3-6-1：開示命令手続と他法の手続との審理方法の比較】

	開示命令手続	民事訴訟手続	民事保全手続（仮処分）
審理方法	必要的陳述の聴取	必要的口頭弁論の原則	要審尋事件
根拠規定	法11条3項	民訴87条1項本文	民保23条4項本文

2　提供命令事件及び消去禁止命令事件の審理方法

提供命令及び消去禁止命令事件の審理方法については法に定めがないところ（法11条3項は審理方法として必要的陳述の聴取を規定していますが、「発信者情報開示命令の申立て」とあるように、開示命令事件の審理方法を定めるものです。）、その審理方法は次のとおりです。

(1)　提供命令事件の審理方法

提供命令事件の審理方法について、開示命令事件とは異なり、相手方からの陳述の聴取は、必要的なものではなく、裁判所の裁量に委ねられた任意的なものです。

これは、提供命令は、開示命令事件の手続における付随的な手続であり、開示要件についての実質的な審理は開示命令事件の手続において行われることから（開示命令を発するためには相手方からの陳述聴取が必要なものとなります。）、提供命令の発令にあたり、相手方からの陳述の聴取を必要的なものとはしなくとも、相手方の手続保障に欠けるとはいえないほか、相手方は即時抗告により不服を申し立てることができる（法15条5項）ため、手続保障としてはこれで十分と考えられるからです[103]。

したがって、裁判所が相手方に対する陳述の聴取を行うことなく提供命

令の要件充足性を判断できる場合には、陳述の聴取の前提となる提供命令の申立書の写しを相手方に送付することなく、提供命令を発令することもできることとなります（開示規則4条3項ただし書）。

　提供命令のうち一択の命令を行うためには、「イに掲げる場合に該当すると認めるとき」（法15条1項1号柱書）との要件を充足するかどうかを判断するために、相手方の陳述を聴取することが考えられます[104]。もっとも、提供命令について原則的な命令である二択の命令を行う場合は、「イに掲げる場合に該当すると認めるとき」に該当するかどうかを判断せずに発令することも可能であると考えられます[105]。

(2)　消去禁止命令事件の審理方法

　消去禁止命令事件の審理方法について、開示命令事件とは異なり、相手方からの陳述の聴取は、必要的なものではなく、裁判所の裁量に委ねられた任意的なものです。

　これは、提供命令の場合と同様に、発信者情報の消去禁止を命じることは相手方に特段大きな負担を課すものではない上、消去禁止命令は、開示命令事件の手続における付随的な手続であり、開示要件についての実質的な審理は開示命令事件手続において行われることから（開示命令を発するためには相手方からの陳述聴取が必要的なものとなります。）、消去禁止命令の発令にあたり、相手方からの陳述の聴取を必要的なものとはしなくとも、相手方の手続保障に欠けるものとはいえないほか、相手方は即時抗告により不服を申し立てることができる（法16条3項）ため、手続保障としてはこれで十分と考えられるからです[106]。

　したがって、裁判所が相手方に対する陳述の聴取を行うことなく消去禁

---

103)　一問一答プロバイダ責任制限法 Q81（99頁）参照。
104)　二択の命令・一択の命令については、**本章・第9節・3・(1)**を参照のこと。なお、裁判外で提供命令の相手方となる開示関係役務提供者から保有する発信者情報により他の開示関係役務提供者の氏名等情報を特定することができる旨の連絡を受けて、これを疎明することができる場合には、陳述の聴取をすることなく、提供命令の発令をすることも可能になるものと考えられます。
105)　**本章・第9節・3・(2)**も参照のこと。
106)　一問一答プロバイダ責任制限法 Q90（108頁）参照。

止命令の要件充足性を判断できる場合には、陳述の聴取の前提となる消去
禁止命令の申立書の写しを相手方に送付することなく、消去禁止命令を発
令することもできることとなります（開示規則 4 条 3 項ただし書）。

　消去禁止命令の要件のうち、消去禁止命令の対象となる発信者情報の保
有要件の充足性を判断するためには相手方の陳述を聞く必要があるものと
考えられますが、例えば、申立前の段階において、申立人が消去禁止命令
に係る発信者情報を相手方が保有している旨の連絡を受けている場合に
は、これを疎明することにより例外的に保有要件について相手方の陳述を
聴取することなく、裁判所が消去禁止命令を発令することも可能であるも
のと考えられます[107]（図 3-6-2）。

【図 3-6-2：三つの命令の審理方法】

	開示命令手続	提供命令手続	消去禁止命令手続
審理方法	必要的陳述の聴取	任意的陳述の聴取	任意的陳述の聴取
根拠規定	法 11 条 3 項	（関連規定） 開示規 4 条 3 項ただし書	（関連規定） 開示規 4 条 3 項ただし書
陳述の聴取の方法	非訟事件手続における「陳述の聴取」とは、言語的表現による認識、意見、意向等の表明を受ける事実の調査の方法であり、「その方法には特に制限はなく、裁判官の審問によるほか、書面照会（例えば、裁判所が尋ねたい事項を書面に記載して提出することを求めたり、質問事項を記載して回答を求めるもの）等の方法」が考えられる。（一問一答非訟法 17 頁）		

【コラム 5　開示命令事件において、相手方の陳述を聴取することなく、開示命令を発令することができるのか】

　発信者情報開示仮処分の申立てにおいては、債務者審尋が原則として必要
とされています（民保 23 条 4 項本文）。もっとも、「期日を経ることにより
仮処分命令の申立ての目的を達することができない事情があるときは、この
限りでない。」（同項ただし書）として、一定の場合には、審尋等を経ること
なく仮の地位を定める仮処分命令を発令することのできるものと考えられて

---

107)　消去禁止命令を発令するための要件の立証度として疎明であることについて**本章・第 10 節・2** を参照。

います。例えば、（送達条約や民訴条約に加盟していない場合など）「EMS
を用いて呼出状等を送ることができない国・地域に本店が所在する債務者に
対する発信者情報開示仮処分等が申し立てられた場合、通常、送達が完了す
るには、数ヶ月を要するといわれていることからすれば、送達がされるのを
待っていては発信者情報が消去されてしまう可能性が高いといえる。したが
って、このような場合には、債務者に重大な危険が切迫していて、審尋等を
待っていたのではそれが現実化してしまう場合に該当するとして、審尋等を
経ることなく、発信者情報開示仮処分等を発令することが認められると考え
られる。」（仮処分実務248頁以下）とされています。

　ところで、裁判所が開示命令の申立てについての決定をする場合、裁判所
は、「不適法又は理由がないことが明らかであるとして当該申立てを却下す
る決定をするとき」を除き、当事者の陳述を聴かなければならないとされて
います（法11条3項）。したがって、裁判所は、相手方の陳述を聴かない
で、開示命令を発令することはできないものと考えられます。これは、無審
尋での発令も可能な提供命令及び消去禁止命令により該当する発信者情報の
保全を図ることが可能であることから、発令する場合における必要的陳述聴
取の例外を設けなかったものと考えられます。

　そこで、令和3年改正後の法の下において、無審尋での発信者情報の開
示を求める場合には、発信者情報開示仮処分の申立てを選択することで対応
することが考えられます。

第7節　記録の閲覧

　非訟事件手続法 32 条は、非訟事件の記録の閲覧等を定めるところ、法12 条はその特則として、開示命令事件の記録の閲覧等を定めるものです。

　なお、法 12 条において「開示命令事件」との文言が用いられているように、同条は、提供命令事件及び消去禁止命令事件に適用されるものではありませんが、開示命令事件とその付随的手続である提供命令事件及び消去禁止命令事件とで閲覧等に関する取扱いを異にする必要はないことから、これらの事件に類推適用されるものです[108]。

1　開示命令事件の記録の閲覧請求等

　開示命令事件について、当事者及び利害関係を疎明した第三者は、裁判所の許可を要せずに[109]、裁判所書記官に対し、当該事件の記録の閲覧若しくは謄写、その正本、謄本若しくは抄本の交付又は開示命令事件に関する事項の証明書の交付を請求することができます（法 12 条 1 項）。

　開示命令事件においては、当事者が自ら処分することができる発信者情報開示請求権という私的な実体法上の権利の存否及びその内容が問題となるものであり、その争訟性、私益性の高さからすると、当事者及び利害関係を疎明した第三者であれば、裁判所の許可を要せずに、記録の閲覧等を請求することができるようにしたものです[110]。

---

108)　逐条解説プロバイダ責任制限法 188 頁以下。なお、非訟事件手続法 32 条は「非訟事件」との文言を用いているように、「非訟事件」ではない提供命令事件や消去禁止命令事件（「非訟事件」に該当しない理由については前掲注 12) を参照のこと。）に同条の適用がないことから、その特則を定めた法 12 条も「非訟事件」である開示命令事件を対象とした規定となっているものと考えられます。

109)　非訟事件手続法 32 条 1 項によれば、裁判所の許可を得た上で、当事者及び利害関係を疎明した第三者が非訟事件の記録の閲覧等の請求ができますが、この特則としての法 12 条 1 項は裁判所の許可を不要としています。

110)　一問一答プロバイダ責任制限法 Q64（82 頁）。

2　開示命令事件の記録中の録音テープ等の複製請求

　開示命令事件について、当事者及び利害関係を疎明した第三者は、裁判所の許可を要せずに[111]、裁判所書記官に対し、録音テープ又はビデオテープ（これらに準ずる方法により一定の事項を記録した物を含む。）の複製を請求することができます（法 12 条 2 項）。

　録音テープ等の複製の場合であっても、前記の開示命令事件の争訟性、私益性の高さに異なるところはないことから、当事者及び利害関係を疎明した第三者であれば、裁判所の許可を要せずに、記録のうち録音テープ等の複製を請求することができるようにしたものです。

3　「利害関係」の意義

　法 12 条 1 項及び 2 項にいう「利害関係」とは、開示命令事件についての法律上の利害関係をいいます[112]。具体的には、発信者[113]のほか、開示関係役務提供者から意見聴取（法 6 条 1 項）を受けた者[114]が、利害関係を有する第三者に該当します。これらの者は、開示命令が発令された場合には、開示を受けた者から損害賠償請求等を受けることが想定されるなど、開示命令事件について法律上の利害関係を有すると考えられるからです。

---

111)　非訟事件手続法 32 条 2 項によれば、裁判所の許可を得た上で、当事者及び利害関係を疎明した第三者が非訟事件の記録のうち録音テープ等の複製を請求することができますが、この特則としての法 12 条 2 項は裁判所の許可を不要としています。

112)　逐条解説プロバイダ責任制限法 191 頁、一問一答プロバイダ責任制限法 Q65（83 頁）。

113)　理論上は発信者が法律上の利害関係を有する者の典型例ですが、閲覧等を行った場合には閲覧等に係る請求書類に氏名や住所等を記載することにより、事後的に開示請求者に身元が判明してしまう可能性があることから、発信者が現実に閲覧等を行うことは多くはないと想定されます。

114)　例えば、父母と子一人の世帯であり、父がインターネット回線の契約者である場合を想定します。この場合において、権利侵害投稿を行った者が子であるときには、発信者と意見照会を受けた者とが同一人ではないこととなります（当該設例において経由プロバイダから開示されるのは契約者である父であり、事情を知らない開示を受けた者から父に対して損害賠償請求等が行われることが想定されます。）。

この利害関係の有無が問題となり得るものとしては、例えば、提供命令に基づき氏名等情報を提供された他の開示関係役務者が、提供命令を受けた開示関係役務提供者と申立人との開示命令事件に関する記録の閲覧請求をした場合が考えられます。すなわち、申立人 X がコンテンツプロバイダ Y1 に対して開示命令及び提供命令の申立てを行い、提供命令に基づき Y1 が他の開示関係役務提供者である Y2 の氏名等情報を提供したとします。その後、X が Y2 に対して開示命令の申立てを行った場合、Y2 は X・Y1 間の事件記録を閲覧することのできる「利害関係」を有しているかという問題です。この点については、X・Y1 と X・Y2 間とでは、係争物が異なるため、Y2 は X・Y1 間の開示命令事件について法律上の利害関係を有する者には該当しない場合が多いと考えることができます。もっとも、両事件が併合されるのであれば、X・Y1 間の事件について Y2 も当事者となり、「当事者」としての資格に基づいて閲覧等の請求をすることができることとなります（図 3-7-1）。

【図 3-7-1：第三者が記録の閲覧等を請求する場合における利害関係の要否と他法との比較】

	プロバイダ責任制限法	民事訴訟法	民事保全法
第三者における利害関係の要否	必要 （法 12 条）	閲覧：原則不要[1]	必要 （民保 5 条）
		謄写等：必要	

※1　公開を禁止した口頭弁論に係る訴訟記録でない限り何人も訴訟記録の閲覧の請求をすることができますが、訴訟記録の謄写等について、第三者は利害関係を疎明した場合に限り請求することができます（民訴 91 条 1 項から 4 項まで。なお、民訴法の令和 4 年改正法の施行後においては、91 条 1 項から 4 項まで及び 91 条の 2。）。

4　開示命令事件の記録の閲覧請求等が記録の保存又は裁判所の執務に支障がある場合における閲覧等の請求の制限

開示命令事件の記録の閲覧、謄写及び複製の請求は、当該記録の保存又は裁判所の執務に支障があるときはすることができないものです（法 12 条 3 項）。これらのときには、閲覧等をすることができないとすることが

相当であるとの考慮に基づくものです。

5　記録の閲覧等の請求が裁判所書記官により拒絶された場合における不服申立て

　裁判所書記官が開示命令事件の記録の閲覧等の請求（法 12 条 1 項、2 項）を拒絶する処分をした場合には、当該処分に対する異議の申立てをすることができます（非訟 39 条 1 項）。

第8節　取下げ

　発信者情報開示命令の申立ての取下げについては法13条、提供命令の申立ての取下げについては法15条4項、消去禁止命令の申立ての取下げについては法16条2項、により定められています。

1　発信者情報開示命令の申立ての取下げ

(1)　取下げの効力発生要件等

　非訟事件手続法63条1項は「非訟事件の申立人は、終局決定が確定するまで、申立ての全部又は一部を取り下げることができる。この場合において、終局決定がされた後は、裁判所の許可を得なければならない。」として、終局決定がなされるまでは申立人の意思による取下げを許容し、終局決定後の取下げには裁判所の許可を要するものとしています。

　この非訟事件手続法63条1項の特則として、法13条1項が設けられました。すなわち、開示命令の申立ての取下げについては、原則として、終局決定（開示命令の申立てについての決定）が確定するまで、その申立ての全部又は一部を取り下げることができるものとしつつ、一定の場合には、裁判所の許可ではなく[115]、相手方の同意を得なければ取下げの効力を生じないとしたものです（法13条1項）[116]。

---

115)　非訟事件では、裁判所は公益性を考慮し後見的な立場から実体的真実に合致した判断をするため、公益性をも考慮して終局決定後の取下げには裁判所の許可を要するものとしています。しかし、開示命令事件は、当事者が自ら処分することができる実体法上の権利に関するものであり、一般に公益性は低いということができるため、裁判所の許可に代えて相手方の同意を要件にすることで濫用的な取下げなどの課題に対処したものと考えることができます（非訟事件において裁判所の許可を要するものとした趣旨について逐条解説非訟法243頁以下を参照）。

116)　法13条1項はあくまで非訟事件手続法63条1項の特則であるため、同法63条2項は開示命令事件に適用され、また、同法64条（非訟事件の申立ての取下げの擬制）も同事件に適用されます。（一問一答プロバイダ責任制限法　資料4参照）。

　相手方の同意を得なければ取下げの効力を生じない場合とは、①開示命令の申立てについての決定があった場合（1 号）と②開示命令の申立てにかかる当該開示命令事件を本案とする提供命令が発令された場合（2 号）です。

　このうち①については、開示命令の申立てについての決定は、異議の訴えが所定期間内（1 か月内）に提起されなかったとき、又は却下されたときは、確定判決と同一の効力を有するものとされている（法 14 条 5 項）ところ、開示の義務の存否を積極的に争って終局決定を受けた相手方の利益を保護するとともに、終局決定を受けた申立人が再度同一内容の開示命令を申し立てるために申立てを取り下げるといった濫用的な取下げに対処するため、終局決定後の取下げについては相手方の同意を要件とするものです。

　また、②については、提供命令は本案である開示命令事件に付随するものであるところ、提供命令を受けた相手方は、開示命令の申立てについての決定がされることを前提に、それに先行するものとして提供命令による提供義務を負うこととなります。そのため、提供命令発令後に開示命令の申立てが取り下げられた場合、提供命令を受けた相手方は、提供命令に応じる義務を負ったにもかかわらず、開示命令の申立てについては終局的な判断を受けることができず、再度開示命令の申立ての相手方となり得るという不安定な地位に置かれてしまうため、相手方の本案の終局決定を得る利益を保護するため、相手方の同意を要件とするものです[117]。

　なお、申立ての取下げの方式及びその効果については、民事訴訟法の規定が準用されます（非訟 63 条 2 項による民訴 261 条 3 項及び 262 条 1 項の準用）。すなわち、開示命令事件の申立ての取下げは、開示命令事件の手続の期日においては口頭ですることができますが、それ以外の場合には書面でしなければならず、開示命令事件は、その取下げがあった部分については初めから係属していなかったものとみなされます。

---

117)　高田裕介ほか「『プロバイダ責任制限法の一部を改正する法律』（令和 3 年改正）の解説」NBL1201 号（2021 年）9 頁以下、逐条解説プロバイダ責任制限法 192 頁以下参照。

(2)　裁判所による取下げの通知（法 13 条 2 項）及び相手方による取下げに係る同意の擬制（法 13 条 3 項）

　開示命令の申立ての取下げがあった場合において、その取下げに相手方の同意を要するとき（法 13 条 1 項 1 号及び 2 号）は、裁判所は、申立ての取下げがあったことを相手方に通知しなければならない、とされています（法 13 条 2 項）。この裁判所による取下げの通知を受けた日から 2 週間以内に相手方が異議を述べないときは、相手方が申立ての取下げに同意したものとみなされます（法 13 条 3 項）。

　もっとも、相手方が出頭している開示命令事件の手続の期日において、申立人が口頭で申立てを取り下げた場合には、相手方がその事実を直ちに了知することから、裁判所による通知は不要です（法 13 条 2 項ただし書）。この場合において取下げのあった日から 2 週間以内に相手方が異議を述べないときは、相手方が申立ての取下げに同意したものとみなされます（法 13 条 3 項）。

　こうした通知義務は、相手方に取下げがあった事実を了知させ、同意するかどうかを検討する機会を与えるとともに、みなし同意の効果が生じる前提としての意味を有するものです。また、一定の場合に同意を擬制しているのは、相手方が同意をするかどうかを検討するために必要な期間を確保しつつ、これが明らかにならないために手続が不安定な状態に置かれることになる期間を限定する趣旨です[118]。

2　提供命令及び消去禁止命令の申立ての取下げ

　提供命令の申立ての取下げについては、当該提供命令があった後であっても、裁判所の許可や相手方の同意を必要とすることなく、その申立ての全部又は一部を取り下げることができます（法 15 条 4 項）[119]。

　消去禁止命令の申立ての取下げについても、当該消去禁止命令があった

---

118)　逐条解説プロバイダ責任制限法 196 頁。

119)　提供命令の申立ては、「非訟事件の申立て」に該当しないものの（詳細は前掲注12）を参照のこと。）、非訟事件手続法 63 条 1 項の類推適用が可能と解されるところ、同項の特則として法 15 条 4 項が規定されたものと考えることができます。

後であっても、裁判所の許可や相手方の同意を必要とすることなく、その申立ての全部又は一部を取り下げることができます（法16条2項）[120]。

　これらは、提供命令や消去禁止命令は、いずれも開示命令の申立てについての決定がなされるまでの暫定的な処分であるところ、提供命令や消去禁止命令が発令されたとしても、事情の変更により保全の必要性が失われるに至った場合（例えば、提供命令発令後に任意に発信者情報が開示された場合や任意に発信者情報の消去禁止措置をとった場合等。）には速やかに原状に戻すのが相当であると考えられるため、相手方の同意等を不要とする趣旨です[121]（図3-8-1）。

【図3-8-1：各申立てにおける取下げに係る相手方の同意の要否】

	開示命令の申立て	提供命令の申立て	消去禁止命令の申立て
相手方の同意	一定の場合※には必要	不要	不要
根拠規定	法13条1項	法15条4項	法16条2項

※一定の場合とは、①開示命令の申立てについての決定があった場合（1号）と②開示命令の申立てにかかる当該開示命令事件を本案とする提供命令が発令された場合（2号）です。

3　他法の手続における取下げに係る相手方の同意の要否

　発信者情報開示請求訴訟では、「訴えの取下げは、相手方が本案について準備書面を提出し、弁論準備手続において申述をし、又は口頭弁論をした後にあっては、相手方の同意を得なければ、その効力を生じない。」（民訴261条2項本文）として、一定の場合には相手方である被告の同意を効力発生要件としています。

　発信者情報開示仮処分手続では、「保全命令の申立てを取り下げるには、保全異議又は保全取消しの申立てがあった後においても、債務者の同意を得ることを要しない」（民保18条）として、相手方である債務者の同意を

[120]　前掲注119）と同様に、消去禁止命令の申立てにおいても、非訟事件手続法63条1項の特則として法16条2項が規定されたものと考えることができます。
[121]　逐条解説プロバイダ責任制限法230頁以下、240頁。

得ることなしに申立ての取下げを許容しています（図3-8-2）。

【図3-8-2：他法の手続における取下げに係る相手方の同意の要否】

	開示命令の申立て	開示請求訴訟	開示仮処分手続
相手方の同意	一定の場合※には必要	一定の場合には必要	不要
根拠規定	法13条1項	民訴261条2項本文	民保18条

※一定の場合とは、①開示命令の申立てについての決定があった場合（1号）と②開示命令の申立てにかかる当該開示命令事件を本案とする提供命令が発令された場合（2号）です。

第9節　提供命令

1　提供命令の意義

(1)　提供命令の内容

　提供命令とは、開示命令事件の審理中に発信者情報（主として経由プロバイダの保有するアクセスログが想定されます。）が消去されてしまい開示命令の申立てに係る侵害情報の発信者を特定することができなくなることを防ぐため、裁判所が、申立てにより、決定で、当該開示命令の申立ての相手方である開示関係役務提供者（主としてコンテンツプロバイダが想定されます。）に対し、次の事項を命じることができる、という制度です（法16条1項。より詳細な解説については**本節・3**を参照のこと。）。[122]

① 　保有する発信者情報（開示命令の申立てに係るものに限られます。）により他の開示関係役務提供者を特定することのできる場合には、当該他の開示関係役務提供者の氏名又は名称及び住所（以下「氏名等情報」といいます。）を、申立人に対して、書面又は電磁的方法により提供すること（法15条1項1号イ）

（又は）

　保有する発信者情報により、かかる特定をすることができない場合（又は他の開示関係役務提供者を特定するために用いることができる発信者情報として総務省令で定めるものを保有していない場合）には、その旨を、申立人に対して、書面又は電磁的方法により提供すること（同号1号ロ）

② 　上記①の他の開示関係役務提供者の氏名等情報の提供を受けた申立

---

[122]　提供命令は、「終局決定以外の裁判」に該当することから、判事補が単独で発令することができます（非訟62条3項）。

人から、当該他の開示関係役務提供者に対する開示命令の申立てを
した旨の書面又は電磁的方法による通知を受けた場合に、保有する
発信者情報を当該他の開示関係役務提供者に対して提供すること
（法15条1項2号）。

この提供命令は、本案である開示命令事件に付随する裁判（終局決定以
外の非訟事件に関する裁判）として位置付けられています（→**本章・第1
節・3・**(2)）。

(2)　提供命令の利用場面

これを具体的な事例に即して説明すると、次のとおりです。

例えば、インターネット上で権利を侵害されたとする者Xが、IPアド
レス及びタイムスタンプをもとに発信者の氏名及び住所の特定を図ろうと
する場合、まずはIPアドレス等の開示を求めてコンテンツプロバイダY1
に対する開示命令の申立てを行うこととなりますが、その申立てが認容さ
れてIPアドレス等が開示されるまでは、発信者の氏名及び住所を保有す
る経由プロバイダの名称を知ることができません。

経由プロバイダの名称を知ることができない場合には当該経由プロバイ
ダに対する消去禁止命令の申立てができないところ、一般的な経由プロバ
イダの保有するアクセスログの保存期間が比較的短期間[123]であることか
らすると、コンテンツプロバイダY1に対する開示命令の申立てについて
の判断が下される前に経由プロバイダのアクセスログの保存期間が経過し
てしまい、コンテンツプロバイダY1に対する開示命令が発令されたとし
ても、発信者の特定ができなくなってしまうおそれがあります。

こうしたおそれに対応するため、コンテンツプロバイダY1に対する開
示命令が発令されるよりも前の段階において、申立てにより、裁判所が、
Y1に対して、①Y1が保有するIPアドレス等の発信者情報（開示命令の申
立てに係るものに限られます。）により他の開示関係役務提供者の氏名等情
報の特定が可能な場合には、当該他の開示関係役務提供者の氏名等情報を
申立人に提供すること等を命じるとともに、②他の開示関係役務提供者の

---

123)　**第2章・第2節・9**参照。

氏名等情報の提供を受けた申立人から、当該他の開示関係役務提供者に対する開示命令の申立てをした旨の書面又は電磁的方法による通知を受けた場合に、保有する発信者情報（開示命令の申立てに係るものに限られます。）を当該他の開示関係役務提供者に対して提供すること（法 15 条 1 項 2 号）を命じることとなります。

　この命令のうち、①の命令に基づいて Y1 が保有している IP アドレス等の発信者情報をもとに問題となっている投稿を媒介した他の開示関係役務提供者である経由プロバイダ Y2 を特定することができた場合には、Y1 は、他の開示関係役務提供者が Y2 の氏名等情報を、申立人 X に対して、書面又は電磁的方法により提供することとなります（法 15 条 1 項 1 号イ）[124]。

　こうした提供命令に基づく Y1 による Y2 の氏名等情報の提供により、X は、Y2 に対して、発信者の氏名及び住所等の開示を求める旨の開示命令の申立てを行い、この申立てを行った旨の書面又は電磁的方法による通知を Y1 に対して行うこととなります。②この X からの通知を受けて、Y1 は、Y2 に対して、保有する IP アドレス等の発信者情報を書面又は電磁的方法により提供することとなり、Y2 において発信者の氏名及び住所等の発信者情報を保有しているかの確認が可能となります。

　これらにより、Y2 の保有する発信者情報に対する消去禁止命令の申立て及びその発令が可能となることから、上記おそれに対応することができます[125]。

(3)　特定作業を行う主体の相違

　提供命令を利用する場合には、上記のように、提供命令の相手方となる開示関係役務提供者において、保有する発信者情報をもとに他の開示関係

---

124)　他方で、Y2 の保有する発信者情報では特定することができない場合等には、その旨を、申立人 X に対して、提供することとなります（法 15 条 1 項 1 号ロ）。この場合には、提供命令を通じて Y2 に発信者の氏名及び住所等を特定・保全させることを断念し、他の方法に切り替えるといった判断をすることが想定されます。
125)　X において Y2 の氏名等情報が了知できることで消去禁止命令の申立てが可能となり、Y2 において Y1 から発信者情報が提供されることで、その発令が可能となります。

役務提供者の特定作業を行うこととなります。他方で、提供命令を利用せずに、例えば、仮処分手続又は開示命令手続により IP アドレス等の開示を受ける場合には、開示請求者において、後続の他の開示関係役務提供者の特定作業を行うこととなります（図 3-9-1）。

【図 3-9-1：他の開示関係役務提供者の特定作業を行う主体】

	提供命令を利用する場合	提供命令を利用しない場合
特定作業を行う主体	提供命令の相手方となる開示関係役務提供者	開示請求者

2　提供命令を発令するための要件

　裁判所が提供命令を発令するための要件は、①開示命令の申立てが裁判所に係属していること（本案係属要件）及び②「発信者情報開示命令の申立てに係る侵害情報の発信者を特定することができなくなることを防止するため必要があると認めるとき」であること（保全の必要性）、です（法 15 条 1 項）。

　また、開示命令の申立てにおいて「特定発信者情報を含む発信者情報の開示を請求している場合」（例えば、特定発信者情報であるログイン時の IP アドレスの開示を求めている場合）には、上記①及び②の要件に加えて、③特定発信者情報の開示を必要とすることについての補充的な要件（法 5 条 1 項 3 号。補充的な要件については第 2 章・第 2 節・7・(1)を参照のこと。）を充足することが必要です（法 15 条 2 項）。

　これらの要件については、提供命令が特殊保全処分であるという性質上、民事保全法 13 条 2 項に準じて、証明ではなく、疎明があれば足りるものと考えられます。

　これらうち、③の補充的な要件については、特定発信者情報の開示請求が認められるための要件でもあるところ、開示命令の発令のため又は開示判決を取得するためには証明を必要としますが、提供命令の発令の判断にあたっては疎明で足りることとなります[126]（図 3-9-2）。

【図3-9-2：提供命令を発令するための要件】

発令要件	特定発信者情報の開示を請求していない場合	特定発信者情報を含む発信者情報の開示を請求している場合
① 本案係属要件	○	○
② 保全の必要性	○	○
③ 補充的な要件	×	○

※○は該当の要件が必要であること、×は該当の要件が不要であることを示しています。

(1)　本案係属要件

　提供命令は、本案である開示命令事件に付随する裁判（終局決定以外の非訟事件に関する裁判）と位置付けられていることから、開示命令の申立てを行わずに、提供命令の申立てをすることはできません。このことは、条文上「本案の発信者情報開示命令事件が係属する裁判所」（法15条1項柱書）と定められていることからも明らかです。このように位置付けることで、提供命令における簡易迅速処理の要請を実現しようとするものです（本案である開示命令事件の係属する裁判所で取り扱うことがもっとも合理的であるといえます）。

　こうしたことから、提供命令の発令にあたっては、①本案係属要件が必要となります。

　もっとも、この①本案係属要件を充足するためには開示命令の申立てが係属していればよいことから、(i)開示命令の申立てを行った後に提供命令の申立てを行う場合のほか、(ii)開示命令の申立てと提供命令の申立てを同時に行う場合も、①本案係属要件を充足することとなります[127]。いずれ

---

126)　一問一答プロバイダ責任制限法 Q77（95頁）。

127)　一問一答プロバイダ責任制限法 Q78（96頁）参照。なお、提供命令の申立てを単独で申し立てることのできる制度とされなかったのは、開示命令事件を担当する裁判所が統一的に判断を行うことが迅速な処理に繋がるとともに、提供命令の目的である開示命令を申し立てる意思がないにもかかわらず消去禁止命令の申立てを濫発する事態を防止する必要があることなどです（逐条解説プロバイダ責任制限法215頁以下参照）。

の場合であっても、①本案係属要件を充足することとなりますが、実際には、(ⅱ)の場合の方が迅速処理の要請に適う場合が多いものと考えられます[128]。

　なお、提供命令の管轄は本案である開示命令事件の管轄に従うこととなります。

(2)　保全の必要性

　「発信者情報開示命令の申立てに係る侵害情報の発信者を特定することができなくなることを防止するため必要があると認めるとき」（保全の必要性）とは、提供命令が速やかに発令されないと、発信者情報が消去されて、発信者を特定することができなくなるおそれがあることを意味します[129]。

　保全の必要性を充足する場合としては、経由プロバイダにおけるアクセスログの保存期間が限られており、相手方であるコンテンツプロバイダに対する開示命令の申立てに対する決定を待った結果として、経由プロバイダの保有する発信者情報が消去されてしまう事態等を避けるために提供命令の申立てを行う場合が想定されます。

　実際上、この要件は、アクセスログの保存期間が限られていることに関する文献等に基づいて主張することが想定されます[130]。

(3)　特定発信者情報に係る提供命令における補充的な要件

　開示命令の申立てにおいて「特定発信者情報を含む発信者情報の開示を請求している場合」（例えば、ログイン時情報の開示を請求している場合）には、①本案係属要件及び②保全の必要性要件に加えて、③特定発信者情報の開示を要することについての補充的な要件（法5条1項3号）が必要となります（法15条2項）。

---

128)　開示命令の申立てと提供命令の申立てとは、一通の書面で行うこともできます（開示規4条2項）。
129)　逐条解説プロバイダ責任制限法216頁以下、一問一答プロバイダ責任制限法Q79（97頁）参照。
130)　例えば、民事保全法上の保全の必要性に関する文献として、仮処分の実務Q7（41頁）、Q21（119頁）及び327頁、民事保全の実務（上）Q77（372頁）。

　この③の要件により、開示命令の申立てにおいて特定発信者情報を含む発信者情報の開示を請求する場合には、開示の請求が補充的な要件を充足すると認められるときにのみ、特定発信者情報の提供を命ずる提供命令（法15条1項2号）が発令されることとなります。そのため、法15条2項は、開示命令発令の判断において補充的な要件を満たす見込みがないのにもかかわらず、提供命令の発令により特定発信者情報が他の開示関係役務提供者に提供されることを防ぐ趣旨といえます[131]。

　法15条2項は、「特定発信者情報を含む発信者情報の開示を請求している場合」に関して、同条1項の読替え適用をしています。すなわち、同条1項1号イの「に係るもの」を、(i)「当該特定発信者情報の開示の請求について第5条第1項第3号に該当すると認められる場合」には「に係る第5条第1項に規定する特定発信者情報」（特定発信者情報に係る提供命令を裁判所が発令することができること）、(ii)「当該特定発信者情報の開示の請求について第5条第1項第3号に該当すると認められない場合」には「に係る第5条第1項に規定する特定発信者情報以外の発信者情報」（特定発信者情報以外の発信者情報に係る提供命令を裁判所が発令できること）、とそれぞれ読替えています[132]。

3　提供命令の効力

(1)　総　論

　提供命令が発令された場合、以下の命令ごとに、法所定の効力を有することとなります（図3-9-3）。

(a)　法15条1項1号に定める命令の効力（第1号命令）

　　　イ　提供命令の相手方である開示関係役務提供者（主にコンテンツプロバイダを想定[133]）において、その保有する発信者情報（IPアドレス等。開示命令の申立てに係るものに限られます。）により他の

---

131)　逐条解説プロバイダ責任制限法 226頁以下。
132)　読替表については、一問一答プロバイダ責任制限法　資料3を参照のこと。
133)　コンテンツプロバイダのほか、MNOなどが想定されます。

【図 3-9-3：法 15 条 1 項に定める提供命令の具体的効力】

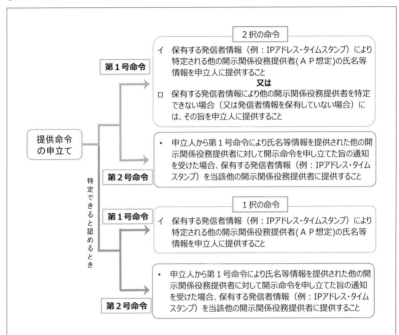

　　開示関係役務提供者（主に経由プロバイダを想定）を特定すること
のできる場合には、その氏名等情報を、申立人に対して、書面又
は電磁的方法により提供すること（法 15 条 1 項 1 号イ）

（又は）

ロ　提供命令の相手方において、その保有する発信者情報により他
の開示関係役務提供者を特定できない場合（又は他の開示関係役
務提供者を特定するために用いることができる発信者情報として総務
省令で定めるものを保有していない場合）には、その旨（不特定等の
通知）を、申立人に提供すること（同号ロ）

(b)　法 15 条 1 項 2 号に定める命令の効力（第 2 号命令）

　上記(a)イにおける他の開示関係役務提供者の氏名等情報の提供を受けた
申立人から、当該他の開示関係役務提供者に対する開示命令の申立てをし
た旨の書面又は電磁的方法による通知を受けた場合、提供命令の相手方に

【図3-9-4：第1号命令】

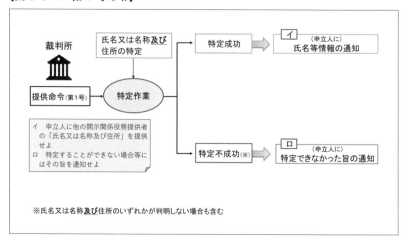

おいて、その保有する発信者情報（IPアドレス等）を、当該他の開示関係
役務提供者に対して、書面又は電磁的方法により提供すること（同項2
号）

　なお、第1号命令については、「イ又はロに定める事項」を提供するこ
とを命じる2択の命令のほか、「イに掲げる場合に該当すると認めるとき」
（法15条1項1号柱書）は、「イに定める事項」のみを提供することを命じ
る1択の命令を発令することもできます（図3-9-3）。

(2)　第1号命令

(a)　第1号命令の趣旨

　法15条1項1号に定める命令（以下「第1号命令」といいます。）は、同
号イに定める事項（相手方において保有する発信者情報により他の開示関係役
務提供者の氏名等情報を特定できる場合には、これを申立人に提供すること。）
又は同号ロに定める事項（相手方において保有する発信者情報により他の開
示関係役務提供者の氏名等情報が特定できない場合等には、その旨を申立人に
提供すること。）の提供を命じるものです（図3-9-4）。

　このうち、同号イの命令が履行されることにより、申立人は、開示命令
の申立ての相手方に対する開示判断を待つことなく発信者の氏名及び住所

等を保有する他の開示関係役務提供者の氏名等情報を取得することができるため、当該他の開示関係役務提供者が保有する発信者の氏名及び住所等の発信者情報について消去禁止命令を申し立てることができることとなります。他方、同号ロの命令が履行された場合には、提供命令を通じて他の開示関係役務提供者が保有する発信者情報を特定・保全することを断念するといった判断をすることが考えられます。

提供命令の申立段階において、相手方となる開示関係役務提供者がその保有する発信者情報により他の開示関係役務提供者の氏名等情報を特定することができるかどうかは、どのような発信者情報を保有しているかが分からない以上、通常、申立人には判断ができないこととなります。そのため、裁判所としては、通常、同号イに定める事項又は同号ロに定める事項の提供を命じることとなります（同号イに定める事項又は同号ロに定める事項の提供を命じることを以下「2択の命令」といいます。）。

(b) 例外的な命令

もっとも、裁判所が提供命令を発令する前の段階で、相手方となる開示関係役務提供者が他の開示関係役務提供者の氏名等情報を特定できることが判明している場合には、「（イに掲げる場合に該当すると認めるときは、イに定める事項）」（法15条1項1号柱書の括弧書）に該当するものとして、前記法15条1項1号イに定める事項とロに定める事項のうち、イに定める事項（他の開示関係役務提供者の氏名等情報を提供すること）のみの提供を命じることもできます（イに定める事項のみの提供を命じることを「1択の命令」といいます。）[134]。このような場合にまで、イ又はロに定める事項の提供を命じる必要はないものと考えられるからです。

この「（イに掲げる場合に該当すると認めるとき）」に該当する場合としては、例えば、次のものが考えられます[135]（図3-9-5）。

　i　コンテンツプロバイダ Y1 に対する提供命令の発令により当該 Y1 から経由プロバイダ Y2 に対して IP アドレス及びタイムスタンプ等

---

134) 「（イに掲げる場合に該当すると認めるとき）」との要件については、提供命令が特殊保全処分であるという性質上、民事保全法13条2項に準じ、疎明があれば足ります（逐条解説プロバイダ責任制限法219頁）。

135) 逐条解説プロバイダ責任制限法218頁以下参照。

【図3-9-5：「（イに掲げる場合に該当すると認めるとき）」に該当ものとして想定されるケース】

想定されるケース	
i	コンテンツプロバイダ Y1 に対する提供命令の発令により当該 Y1 から経由プロバイダ Y2 に対して IP アドレス及びタイムスタンプ等の提供が行われた場合において、当該 Y2 が自社のサーバを確認したところ、IP アドレスに紐付く発信者の契約者情報を保有しているのは Y2 ではなく MVNO であることが判明したケース（MVNO のケース）
ii	コンテンツプロバイダ Y1 が、裁判外において、他の開示関係役務提供者を特定することができる IP アドレス等を保有していることを認め、これを疎明することのできるケース（裁判外での自認のケース）
iii	裁判所が、提供命令の審理において、その事案の事情に応じて、当該提供命令の申立ての相手方であるコンテンツプロバイダ Y1 から陳述を聴取したところ、Y1 が他の開示関係役務提供者を特定することができる IP アドレス等を保有している旨を陳述したケース（裁判上での自認のケース）

　の提供が行われた場合において、当該 Y2 が自社のサーバを確認したところ、IP アドレスに紐付く発信者の契約者情報を保有しているのは Y2 ではなく MVNO であることが判明したケース

　このケースでは、Y2 は、例えば、当該提供命令の申立人 X により申し立てられた Y2 に対する開示命令手続の審理の中で、裁判所及び X に対し、「発信者の氏名及び住所は保有していないものの、他の開示関係役務提供者を特定することができる IP アドレス等は保有している」旨の主張書面を提出し、申立人は、これを受けて、Y2 に対する提供命令の申立てを行うことが考えられます。

ii　コンテンツプロバイダ Y1 が、裁判外において、他の開示関係役務提供者を特定することができる IP アドレス等を保有していることを認め、これを疎明することのできるケース

iii　裁判所が、提供命令の審理において、その事案の事情に応じて、当該提供命令の申立ての相手方であるコンテンツプロバイダ Y1 から陳述を聴取したところ、Y1 が他の開示関係役務提供者を特定すること

　ができる IP アドレス等を保有している旨を陳述したケース

(c)　特定に使用することのできる発信者情報の範囲

　第 1 号命令が発令された場合、その相手方である開示関係役務提供者
は、自身が保有する発信者情報（IP アドレス等を想定）により、侵害情報
に係る他の開示関係役務提供者の氏名等情報の特定を行う必要があります
（法 15 条 1 項 1 号イ）。この際、特定に使用することのできる発信者情報
は、保有している発信者情報の全てではなく、「開示関係役務提供者がそ
の保有する発信者情報（当該発信者情報開示命令の申立てに係るものに限
る。……）」として、本案である開示命令の申立てにおいて請求されてい
るものに限られることとなります（同項 1 号イ括弧書）[136]。

　ここでいう特定とは、開示関係役務提供者において、例えば IP アドレ
スをもとにしてそれに紐付くプロバイダを特定するために一般的に用いら
れる技術的な方法を用いることにより提供先プロバイダを特定することが
できる場合をいうものと考えることができます[137]。

(d)　開示関係役務提供者が提供を行う他の開示関係役務提供者の氏名
　　　等情報

　第 1 号命令に基づき、開示関係役務提供者が他の開示関係役務提供者の
氏名等情報の特定をすることができる場合には、当該他の開示関係役務提
供者の氏名等情報を書面又は電磁的方法により提供しなければなりません
（法 15 条 1 項 1 号イ）[138]。

　もっとも、この「他の開示関係役務提供者の氏名等情報」が侵害情報の
発信者の氏名等情報であると認められるときには、この限りではありませ
ん。すなわち、「他の開示関係役務提供者（当該侵害情報の発信者である
と認めるものを除く。……）」として、申立人に対して氏名等情報を提供
することとなる他の開示関係役務提供者が発信者であると認められる場合
については、申立人に提供しなければならない「他の開示関係役務提供者

---

136)　なお、特定に使用することのできる発信者情報が複数あった場合、特定作業を行
　　うことができるのであれば、その全てを使用することまでは求められていません。

137)　後掲第 4 章の注 4）も参照のこと。

138)　氏名等情報について、迅速に氏名等情報を申立人に提供する必要から、開示関係
　　役務提供者は公的な資料（例えば、法人の履歴事項全部証明書）を必ず取り寄せて確
　　認するまでの必要はないものと考えられます。

の氏名等情報」から除外されています（同号イ括弧書）。

　この法15条1項1号イ括弧書の規定は、提供命令の相手方となる開示関係役務提供者がホスティング事業者[139]である場合を典型的には想定しています。

　例えば、ホスティング事業者から借りたサーバ上に発信者がウェブサイトを開設した場合において、発信者自らが匿名で投稿を行い、これを受けて、ホスティング事業者に対する開示命令及び提供命令を申し立てることが考えられます。かかる場合、ホスティング事業者にとっては、投稿を行ったホスティングサービスの利用者（発信者）が法15条1項1号イの「他の開示関係役務提供者」に該当することとなることから、当該ホスティング事業者としては、当該ホスティングサービス利用者の氏名等情報を特定することとなります。もっとも、これをそのまま申立人に提供した場合、本来、法5条1項各号又は同条2項各号の開示要件を満たす場合にのみ開示されるべき発信者の氏名及び住所が、緩やかな提供命令の要件の下、「他の開示関係役務提供者の氏名等情報」として申立人に開示される結果となってしまいます。このような結果を防止するため、提供命令によりその氏名等情報が申立人に提供されることとなる他の開示関係役務提供者から、発信者であると認められる開示関係役務提供者を除いたものです[140]。

(e)　他の開示関係役務提供者の氏名等情報の特定ができなかった場合

　提供命令の発令にあたり、相手方からの陳述の聴取を必要的なものとしていないことから、(i)提供命令の発令を受けた開示関係役務提供者が他の開示関係役務提供者の氏名等情報を特定するために用いることができる発信者情報を保有していない場合や、(ii)提供命令の発令を受けた開示関係役務提供者が他の開示関係役務提供者の氏名等情報の特定をすることができない場合も考えられます[141]。そこで、これらの場合については、提供命

---

139)　個人や企業等がウェブサイトの開設及び運営をすることができるようにするため、サーバを設置してサーバの容量貸し（ホスティングサービス）を行う事業者をいいます。なお、本書では、便宜上、コンテンツプロバイダに含まれるものとして説明を行っています。
140)　逐条解説プロバイダ責任制限法221頁以下。

令の相手方である開示関係役務提供者は、法15条1項1号ロに定める事項（不特定等の通知）を、申立人に対して、提供すれば足りることとなります[142]。

例えば、提供命令（第1号命令）に基づき「他の開示関係役務提供者の氏名又は名称及び住所」を調査した結果、その「氏名又は名称」が判明したものの、「住所」は判明しなかった場合、特定できたものとして「氏名又は名称」のみを提供することになるか（法15条1項1号イに該当）、それとも特定できなかったものとして、特定できなかった旨を提供することになるか（同号ロに該当）が問題となり得ます。

これは、法15条1項1号イにおいて、他の開示関係役務提供者の「氏名又は名称及び住所」（氏名等情報。下線著者）の特定をすることができる場合には、当該他の開示関係役務提供者の氏名等情報の提供をすることとされている以上、「イに規定する特定をすることができない場合」に該当するものとして、特定をすることができなかった旨（同号ロに該当）が申立人に提供されることになるものと考えることができます。

(f) 法15条1項1号ロに規定する場合における「その旨」の具体的内容

「開示関係役務提供者がその保有する当該発信者情報によりイに規定する特定をすることができない場合」には、申立人に対して、その旨の通知を行うこととなります。

また、「他の開示関係役務提供者を特定するために用いることができる

---

141) 裁判所が、提供命令の審理において、職権により、提供命令の申立ての相手方であるコンテンツプロバイダから陳述の聴取を行った結果、当該コンテンツプロバイダから、法15条1項1号ロに該当する旨の陳述（例えば、「他の開示関係役務提供者を特定するために用いることができる発信者情報を保有していない」との陳述）がなされることも考えられます。このような場合、2択の命令が発令されたとしても、同号ロに規定する提供がなされることから、保全の必要性を満たさないものとして、提供命令の申立てが却下されることも考えられます。

142) 他の開示関係役務提供者が発信者本人であると認められる場合については、提供命令によりその氏名等情報が申立人に提供されることとなる他の開示関係役務提供者から除かれていることから、(ii)に該当するものと考えることができます。したがって、ホスティング事業者は、申立人に対して、他の開示関係役務提供者の氏名等情報の特定をすることができないとする不特定の通知を行うこととなります（逐条解説プロバイダ責任制限法223頁）。

発信者情報として総務省令で定めるものを保有していない場合」には、総務省令で掲げられている発信者情報を保有していない旨の通知をすることとなります（法15条1項1号ロ）。具体的には、総務省令7条で定める区分に応じた発信者情報（以下「提供先特定用発信者情報」といいます。）を保有していないことを通知することとなります。

　提供先特定用発信者情報は、開示命令の申立ての相手方、開示請求の対象に特定発信者情報が含まれるか、含まれるとして法5条1項3号に定める補充的な要件を充足しているか、に応じて定められています。具体的には、①開示命令の申立ての相手方が特定電気通信役務提供者であり、開示命令の申立ての対象に特定発信者情報が含まれる場合には総務省令7条1号に定める情報（法5条1項3号に規定する補充的な要件を満たすかによりイ又はロに定める情報）、②開示命令の申立ての相手方が特定電気通信役務提供者であり、開示命令の申立ての対象に特定発信者情報が含まれない場合には総務省令7条2号に定める情報、③開示命令の申立ての相手方が関連電気通信役務提供者である場合には同条3号に定める情報、となります（図3-9-6)[143]。

【図3-9-6：総務省令7条に定める区分】

相手方	開示請求の対象	補充的要件	7条	提供先特定発信者情報（省令2条の号数を示す）
特定電気通信役務提供者	特定発信者情報を含む	満たす	1号イ	9号〜12号
		満たさない	1号ロ	5号〜7号
特定電気通信役務提供者	特定発信者情報を含まない	—	2号	5号〜7号及び14号
関連電気通信役務提供者	—	—	3号	9号〜12号及び14号

※特定電気通信役務提供者と関連電気通信役務提供者を併せて開示関係役務提供者といいます（法2条7号）。

---

[143]　逐条解説プロバイダ責任制限法344頁以下、山根祐輔「『特定電気通信役務提供者の損害賠償責任の制限及び発信者情報の開示に関する法律施行規則』の解説」NBL1220号（2022年）4頁。

【コラム6　提供命令に基づき他の開示関係役務提供者の氏名等情報を調査する方法】

　提供命令に基づき、例えばコンテンツプロバイダがその保有するIPアドレス等をもとに経由プロバイダを特定できた場合には、申立人に対して、特定をした経由プロバイダの氏名又は名称及び住所（氏名等情報）を提供しなければなりません（法15条1項1号イ）。この際、例えば、Whois検索により、経由プロバイダの名称を知ることができたとして、その住所をどのように調べればよいかも問題となります。名称から住所を調べる方法としては、インターネットにおいて該当のホームページを調査するほか、「登記情報提供サービス」、「登記ねっと」、「国税庁法人番号公表サイト」等により調査することが考えられます。また、調査の手間を軽減するため、予め関係団体で名称及び住所を記載した名簿を作成し、これを共有しておくことも有益であるといえます。

(3)　第2号命令

(a)　第2号命令の趣旨

　法15条1項2号に定める命令（以下「第2号命令」といいます。）は、法15条1項1号イにおける他の開示関係役務提供者の氏名等情報の提供を受けた申立人から、当該他の開示関係役務提供者に対する開示命令の申立てをした旨の書面又は電磁的方法による通知を受けた場合に、提供命令の相手方において、その保有する発信者情報（IPアドレス等）を、当該他の開示関係役務提供者に対して、書面又は電磁的方法により提供することを命じるものです（図3-9-7）。

　これにより、申立人としては、開示関係役務提供者（主としてコンテンツプロバイダ）に対する開示命令が発令される前の段階で、当該開示関係役務提供者から他の開示関係役務提供者（主として経由プロバイダ）に対して、発信者情報（IPアドレス等）が提供されることから、消去禁止命令を活用することにより、他の開示関係役務提供者において保有する発信者情報（発信者の氏名及び住所等）が消去されることを防止することができることとなります。

　このように、第2号命令は、提供命令の申立人が開示関係役務提供者に対して法所定の通知をしたことを条件として、当該開示関係役務提供者か

【図3-9-7：第2号命令】

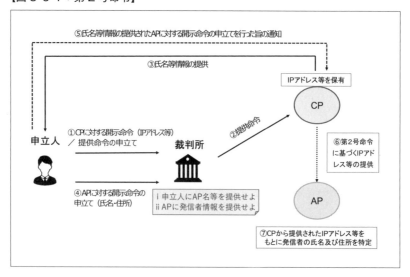

　ら他の開示関係役務提供者に対する発信者情報の提供を命じる、いわば条件付の命令であるといえます。

　条件付の命令とされたのは、発信者情報が、発信者のプライバシー、表現の自由及び通信の秘密として保護されるべき情報であるため、申立人が他の開示関係役務提供者に対して発信者情報の開示を求める旨の開示命令の申立てをしていない段階で、当該他の開示関係役務提供者に対する発信者情報の提供が行われるのは適当でないとの考慮によるものです[144]。

(b)　申立人から開示関係役務提供者への通知方法

　第2号命令の条件を充足させる申立人から開示関係役務提供者への通知方法については、書面又は電磁的方法によることとなります[145]。

---

144)　逐条解説プロバイダ責任制限法224頁、一問一答プロバイダ責任制限法 Q80（98頁）。

145)　通知を行う際に、開示命令の申立てがあったことを確実に証する方法としては、裁判所発行の受理証明書や事件受付カードを取得することも考えられますが、迅速性の求められる手続であることからすると、例えば各事件の事件番号等を記載した代理人弁護士発行の連絡文書で足りるものと考えるべきです。この点について、民間団体等が作成・公表している「プロバイダ責任制限法発信者情報開示関係ガイドライン別冊『発信者情報開示命令事件』に関する対応手引」（令和4年9月）では、通知書の書式が紹介されています。

　この点に関連して、開示請求者が他の開示関係役務提供者に対する開示命令の申立てを選択せずに、発信者情報開示請求訴訟を提起し、これを通知した場合にも第2号命令の条件を満たすかが問題となります。

　第2号命令に基づき発信者情報を提供するための条件は、氏名等情報の提供を受けた申立人から、提供命令の相手方である開示関係役務提供者が「発信者情報開示命令の申立てをした旨の書面又は電磁的方法による通知を受けた」ことです。そのため、氏名等情報の提供を受けた申立人が、開示命令の申立てを選択せずに、発信者情報開示請求訴訟を提訴した場合には、かかる条件は満たされないこととなります。

　第2号命令に係る発信者情報の提供条件を開示命令の申立ての場合に限定しているのは、提供命令が開示命令に付随する裁判であり、一回的な裁判を実現するための命令であることがその理由であると考えられます。

　例えば、開示請求者において、提供命令に基づいてコンテンツプロバイダから氏名等情報の提供された経由プロバイダに対して発信者情報開示請求訴訟を提起した上で、経由プロバイダに対する提訴を行った旨をコンテンツプロバイダに通知したとしても、第2号命令の条件を満たさないため、コンテンツプロバイダから経由プロバイダに対する発信者情報の提供はなされないこととなります。

(c)　申立人から開示関係役務提供者に対する通知期間

　提供命令の相手方から他の開示関係役務提供者の氏名等情報の提供を受けた申立人が、提供を受けた日から2か月以内に、提供命令の相手方に対して、当該他の開示関係役務提供者に対する開示命令の申立てをした旨の通知（法15条1項2号に定める通知）をしなかったときは、提供命令はその効力を失うこととなります（法15条3項2号）。

(d)　第2号命令に基づき提供される発信者情報の範囲

(i)　第2号命令に基づき開示関係役務提供者（主にコンテンツプロバイダ）から他の開示関係役務提供者（主に経由プロバイダ）に提供される発信者情報は、「当該開示関係役務提供者が保有する発信者情報」（法15条1項2号）とされており、この発信者情報については、「発信者情報（当該発信者情報開示命令の申立てに係るものに限る。以下この項において同じ。）」（下線筆者）として、提供される情報は本案である開示命令の申立てにお

いて請求されているものに限るという限定が付されています（同項1号イ）[146]。これは開示請求の対象となっていない発信者情報についてまで提供する必要はないとの考慮によるものといえます。

　例えば、コンテンツプロバイダに対する開示命令の申立てにおいて投稿時 IP アドレス及びタイムスタンプのみの開示が請求されている場合には、コンテンツプロバイダがこれ以外の発信者情報を保有していたとしても、経由プロバイダに提供されるのは投稿時 IP アドレス及びタイムスタンプのみとなります。

(ii)　加えて、提供される発信者情報は、開示関係役務提供者により媒介等された通信のアクセスログである発信者情報（総務省令2条5号から13号まで）及び当該アクセスログを探索するにあたって参照しうる情報（同条14号）に限られています[147]。また、第2号命令に基づき提供することのできる発信者情報であるものの、「他の開示関係役務提供者」を特定するために使用しなかった発信者情報についてまで提供する必要があるのかが問題となります。

　前記のように、第2号命令に基づき提供される発信者情報は、「当該開示関係役務提供者が保有する発信者情報」（法15条1項2号）のうち、「（当該発信者情報開示命令の申立てに係るものに限る。以下この項において同じ。）」として、本案である開示命令の申立てにおいて請求されているものに限る等の限定が付されています（同項1号イ）が、実際に特定作業に要した発信者情報であることという限定は条文上明記されていません。

　したがって、「他の開示関係役務提供者」を特定するために使用しなかった発信者情報であっても、提供する発信者情報の範囲に含まれるものと考えることができます。

(iii)　以上をまとめると、第2号命令に基づき提供される発信者情報は、開示関係役務提供者が保有している発信者情報のうち、開示関係役務提供者により媒介等された通信のアクセスログである発信者情報（総務省令2条5号から13号まで）及び当該アクセスログを探索するにあたって参照しう

---

146)　どのような発信者情報を提供すべきかについては、裁判所が発令する提供命令において具体的に特定されることとなります。
147)　逐条解説プロバイダ責任制限法225頁。

る情報（同条 14 号）であって、かつ、本案である開示命令の申立てにおいて請求されているものに限られ、「他の開示関係役務提供者」を特定するために用いられたことまでは要求されていないこととなります[148]。

(e)　第 2 号命令に基づき提供された発信者情報の保有期間

第 2 号命令に基づき開示関係役務提供者から発信者情報の提供を受けた他の開示関係役務提供者は、提供された発信者情報をいつまで保存すればよいのかが問題となります。

第 2 号命令により他の開示関係役務提供者（主に経由プロバイダ）への発信者情報（IP アドレス等）の提供を可能とする趣旨は、他の開示関係役務提供者に対する開示請求の対象である発信者情報（氏名・住所を想定）を特定するためには開示関係役務提供者（主にコンテンツプロバイダ）の保有する発信者情報が必要となるためです。

保存期間については法に定めはありませんが、このような趣旨からすると、一般的には、発信者情報（氏名・住所を想定）を特定する必要がなくなるまで他の開示関係役務提供者において提供された発信者情報を保存することが望ましく、この必要がなくなった場合には速やかに消去することが望ましいと考えることができます。

(f)　第 2 号命令により提供された発信者情報を対象とする開示請求 の可否

第 2 号命令は、一定の条件の下、開示関係役務提供者から他の開示関係役務提供者に対して発信者情報を提供させるものですが、提供された発信者情報について開示請求を行うことができるかが問題となります（図 3-9-8）。

例えば、第 2 号命令によりコンテンツプロバイダ Y1 から経由プロバイダ Y2 へ IP アドレス及びタイムスタンプを提供させたのち、Y1 の同意を得て、Y1 に対する開示命令の申立てを取り下げたとします。この場合に

---

148)　前提として保全の必要性等の提供命令の発令要件が充足されることが必要です。そのため、契約者情報又は登録者情報として保有される発信者情報（総務省令 2 条 1 号から 4 号まで）については、提供命令による提供の対象とはなりません（逐条解説プロバイダ責任制限法 225 頁）。例えば、相手方が発信者の氏名及び住所（同条 1 号及び 2 号）を保有している場合には保全の必要性を充足しないことから、提供命令（第 2 号命令）による提供の対象とはなりません。

【図3-9-8：第2号命令により提供された発信者情報を対象とする開示請求の可否】

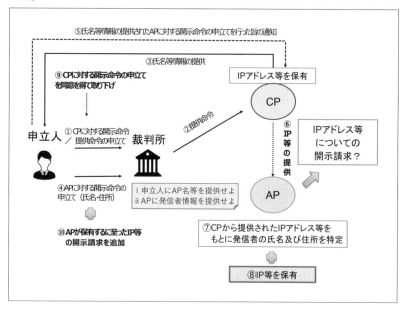

おいて、係属している Y2 に対する開示命令の申立ての開示請求の対象を拡張することが考えられます[149]。こうした場合については、このような開示請求の手法を制約する規定がないことから、開示要件が認められる限り、開示を受けることができるものと考えることが可能といえます[150]。

(4)　他の開示関係役務提供者の氏名等情報等の提供方法

第1号命令に基づく開示関係役務提供者から申立人に対する「他の開示

---

149)　Y1 に対する開示命令の申立てが係属しているのであれば敢えて Y2 に対する開示請求の範囲を拡張する必要性がないことから、本文の例が主に想定されます。もっとも、敢えて Y1 に対する開示命令の申立てを取下げる場合は通常多くないものと考えられます。

150)　「保有」の有無を判断する基準時は、裁判上の請求であれば裁判官が開示の可否を判断するときであり、判断時に保有しているかが問題となります（第2章注32）を参照のこと）。また、他の開示関係役務提供者が発信者情報を保存しているかどうかについて配慮が必要です。

関係役務提供者の氏名等情報」（又はその特定をすることができない場合等には
その旨）の提供方法及び第2号命令に基づく開示関係役務提供者から法
15条1項1号イに規定する「他の開示関係役務提供者」に対する「発信
者情報」の提供方法については、「書面又は電磁的方法」により提供する
こととされています（法15条1項）。

　これらの提供は、後続の諸手続の契機となるところ、後続の手続におい
て、関係者がこうした提供行為が行われたことを申立人等に確認を行うこ
とも想定されることから、提供行為が行われたことを確認することのでき
る方法によることとしたものです。

　提供方法のうち、「電磁的方法」については、「電子情報処理組織を使用
する方法その他の情報通信の技術を利用する方法であって総務省令で定め
るものをいう」として、総務省令において、それぞれの命令に応じて、以
下のとおりの具体的方法が規定されています（総務省令6条。図3-9-
9）[151]。

　なお、提供にあたり、書面又は電磁的方法を採用するか、電磁的方法を
採用した場合に総務省令6条1項各号のいずれの方法を採用するかは、当
事者に委ねられています[152]。

(a)　**第1号命令における「他の開示関係役務提供者の氏名等情報」
　　等の電磁的方法による提供方法**

　第1号命令における電磁的方法としては、①電子メールを送信する方法
（総務省令6条1項1号）、②磁気ディスク、シー・ディー・ロムその他の
記録媒体を交付する方法（同項2号）及び③提供命令の相手方となる開示
関係役務提供者が自ら設置した電子計算機に備えられたファイルに記録さ
れた法15条1項に定める事項を、電気通信回線を通じて申立人のみの閲
覧に供し、及び当該事項を当該ファイルに記録する旨若しくは記録した旨
を当該申立人に通知し、又は当該申立人が当該事項を閲覧していたことを

---

151)　電磁的方法について最高裁判所規則ではなく総務省令で定めているのは、法15
　　条に規定する提供命令に基づく氏名等情報や発信者情報の提供方法については、裁判
　　手続外でのやりとりであり、申立て、審理、決定等の裁判手続に関する細目事項には
　　該当しないことから、総務省令で定められたものと考えることができます。
152)　逐条解説プロバイダ責任制限法339頁以下。

確認する方法であって、当該申立人がファイルへの記録を出力することによる書面を作成することができるもの（同項3号）、が定められています。

　これらのうち、③については、ストレージを利用する方法等が想定されています。また、提供命令の相手方となる「開示関係役務提供者が自ら設置した電子計算機に備えられたファイルに記録」する方法であることから、第三者の提供するオンラインストレージサービス等は対象とならないことや「申立人のみの閲覧」に供する方法であることが要求されていることに留意が必要であるとされています[153]。

(b)　第2号命令における「発信者情報」の電磁的方法による提供方法

　第2号命令における電磁的方法は、第1号命令におけるのと同様の方法です（法15条1項2号）。もっとも、③について、提供命令の相手方となる開示関係役務提供者が自ら設置した電子計算機に備えられたファイルに記録する方法だけではなく、「法第15条第1項の……開示関係役務提供者又は同項第2号の他の開示関係役務提供者が自ら設置した」などとして、他の開示関係役務提供者が設置した電子計算機に備えられたファイルに記録する方法も可能となっています（総務省令6条2項）。

【図3-9-9：総務省令に定める電磁的方法】

電磁的方法による提供方法（総務省令6条1項）	
1号	電子メールを送信する方法
2号	磁気ディスク、シー・ディー・ロムその他の記録媒体を交付する方法
3号	提供命令の相手方となる「開示関係役務提供者が自ら設置した電子計算機に備えられたファイルに記録」する方法※

※　第2号命令では、他の開示関係役務提供者が設置した電子計算機に備えられたファイルに記録する方法も可能となっています（総務省令6条2項）

---

153)　山根・前掲注143) 4頁参照。

4　提供命令の効力の終期

　こうした提供命令の効力は、次のいずれかに該当するとき（法 15 条 3 項
に掲げるとき）に失われます[154]。

(1)　開示命令事件が終了したとき

　本案である開示命令事件が終了したとき（異議の訴えが提起されたとき
は、その訴訟が終了したとき）は、提供命令はその効力を失います（法 15
条 3 項 1 号）。

　提供命令が本案である開示命令事件に付随する暫定的な保全処分である
以上、本案が終了すればその効力を維持させる理由がないことから、提供
命令の終期がこのように定められたものです。

　ここで、提供命令は本案である開示命令事件に付随するものであるか
ら、開示命令事件が終了するまでの間、提供命令の効力を持続させれば足
りるのではないかと考えることもできます。しかし、開示命令の申立てに
ついての決定に対し、異議の訴えが提起されたときは、その決定の確定が
遮断され、開示命令事件は異議の訴えに移行するため、その訴えについて
の判決がなされるまでは、実質的には本案が継続していると考えることが
できます。そこで、異議の訴えが提起されたときはその訴訟が終了したと
きが終期とされています（法 15 条 3 項 1 号括弧書）。

　開示命令事件が終了したときが提供命令の効力の終期となる例として
は、開示命令の申立てについての決定に対して異議の訴えが提起されずに
確定した場合や開示命令の申立ての取下げにより開示命令事件が終了した
場合のほか、開示命令事件が和解により終了した場合が挙げられます。

　また、異議の訴えが終了したときが提供命令の効力の終期となる例とし
ては、異議の訴えにおける判決が確定した場合や裁判上の和解がなされた
場合等が挙げられます。

---

154)　逐条解説プロバイダ責任制限法 227 頁以下。

(2)　通知をしなかったとき

　提供命令の相手方から他の開示関係役務提供者の氏名等情報の提供を受けた申立人が、提供を受けた日から2か月以内に、提供命令の相手方に対して、当該他の開示関係役務提供者に対する開示命令の申立てをした旨の通知（法15条1項2号に定める通知）をしなかったときは、提供命令はその効力を失います（法15条3項2号）。

　提供命令を受けた相手方は、申立人から提供を行った他の開示関係役務提供者に対する開示命令の申立てを行った旨の通知を受けたときには当該他の開示関係役務提供者への発信者情報の提供義務を負うこととなります（法15条1項2号）。第2号命令はいわば申立人からの所定の通知を停止条件とした義務であるところ、申立人が開示命令の申立てを行ったかが分からないまま提供命令に拘束され続けることとなれば、提供命令を受けた相手方は不安定な立場に置かれることとなります。そこで、他の開示関係役務提供者の氏名等情報の提供を受けた日から2か月内に申立人が所定の通知を行わないときには、上記提供義務から相手方を解放するものです。

　例えば、開示命令の申立人Xが、開示命令の申立てとともに提供命令を申し立て、裁判所が提供命令を発令し、これに基づいてコンテンツプロバイダY1が他の開示関係役務提供者である経由プロバイダY2の氏名等情報をXに提供した場合を想定します。この場合、通常であればXはY2に対する開示命令の申立てを行うとともに、その申立てを行った旨をY1に通知することになると考えられます。もっとも、何らかの事情によりXがY2に対する開示命令の申立てを行わないなど、Xにおいて、XがY1からY2の氏名等情報の提供を受けた日から2か月以内に、当該通知を行わないときには、提供命令はその効力を失うこととなります（法15条3項2号）。

　ここで、法15条3項括弧書（「（提供命令により二以上の他の開示関係役務提供者の氏名等情報の提供を受けた者が、当該他の開示関係役務提供者のうちの一部の者について第一項第二号に規定する通知をしないことにより第二号に該当することとなるときは、当該一部の者に係る部分に限る。）」）について、「当該一部の者に係る部分」とは、提供命令の相手方から2以上の他の開

示関係役務提供者の氏名等情報の提供を受けた申立人が、これらのうち、一部の者を相手方として開示命令の申立てをし、他の者を相手方として開示命令の申立てをしないときの、当該申立てを行わない者に係る部分を意味します。

　例えば、申立人Xが複数のIPアドレス等の開示を求める旨の開示命令の申立てを行っている場合において、提供命令に基づき、その相手方であるコンテンツプロバイダY1から、経由プロバイダY2及び経由プロバイダY3の氏名等情報の提供を受けた申立人Xが、提供を受けた日から2か月以内に、経由プロバイダY1に対する開示命令の申立てをし、かつ、その旨をコンテンツプロバイダに通知を行ったものの（法15条1項2号）、経由プロバイダY2に対しては開示命令の申立てをしなかったというような場合には、提供命令のうち経由プロバイダY2に係る部分について提供命令は効力を失うこととなります（法15条3項括弧書）[155]。

5　提供命令（第2号命令）により発信者情報の提供を受けた開示関係役務提供者の義務（法6条3項）

　提供命令（法15条1項2号）により発信者情報の提供を受けた他の開示関係役務提供者は、一定の民事上の義務を負うこととなります（法6条3項）。具体的には、提供を受けた発信者情報について、提供命令が制度趣旨として想定している「保有する発信者情報……を特定する目的以外に使用してはならない」という義務を負います（目的外使用の禁止）[156]。

　提供命令は、発信者を特定できなくなることを防止するために設けられた制度であることから、本来想定されている用途に限り使用することができるとするものです。具体的には、発信者情報の提供を受けた他の開示関係役務提供者が申立人からの申立てにより消去禁止命令や開示命令を受け

---

155)　複数のIPアドレス等の開示を求める旨の開示命令の申立てを行っている場合には、それぞれに応じた経由プロバイダが特定される結果、複数の経由プロバイダの氏名等情報が提供されることが考えられます。
156)　この義務は、提供命令により提供を受けた開示関係役務提供者における発信者情報の取扱いに関するものであって、提供命令事件に関する裁判手続に関するものではないことから、裁判手続に関する事項を定める第4章ではなく、開示請求に係る通則的事項を定める第3章に規定が設けられているものと考えることができます。

【図3-9-10：発信者情報の目的外使用の禁止規定】

根拠規定	法６条３項	法７条
適用場面	提供命令により 発信者情報の提供を受けた場合	開示請求の結果として 発信者情報の開示を受けた場合
義務を負う者	発信者情報の提供を受けた者 （提供命令における他の開示関係 役務提供者）	発信者情報の開示を受けた者 （開示請求者）

た場合において、これらの命令に従って消去禁止の措置や開示命令を受け
たときに開示を行うこととなる発信者情報を特定するために用いることで
す[157]。

　例えば、申立人ＸがコンテンツプロバイダＹ1に対してIPアドレス及
びタイムスタンプ（本項では以下「IPアドレス等」といいます。）の開示を
求める開示命令の申立て及び提供命令の申立てを同時に行い、裁判所が
Ｙ1に対して提供命令（他の開示関係役務提供者の氏名等情報を申立人に対し
て提供すること等）を発令した場合において、Ｙ1がその保有する発信者情
報であるIPアドレス等をもとにＹ2の名称及び所在地をＸに提供した場
合を想定します。Ｙ2の名称等の情報提供を受けて、ＸがＹ2に対して発
信者の氏名及び住所の開示を求める開示命令の申立てを行い、その旨の通
知をＹ1に行ったときには、Ｙ1はＹ2に対して保有する発信者情報であ
るIPアドレス等を提供することとなります。この場合において、Ｙ1の保
有するIPアドレス等を受け取ったＹ2が開示命令を受けたときに備えて
開示を行うこととなる発信者情報である発信者の氏名及び住所を特定する
ために用いることが目的に沿った使用に該当すると考えられます。また、
この場合において、Ｙ2が消去禁止命令の申立てを受けているときには、
消去禁止措置を行うこととなる発信者情報を特定するために用いること
も、目的に沿った使用に該当するものと考えられます。

　なお、発信者情報の開示を受けた者は、法６条３項が定める提供命令に
基づき発信者情報の提供を受けた開示関係役務提供者の義務と類似の義務
を負うこととなります（法７条。→第２章・第３節・3参照。図3-9-10）。

---

157)　逐条解説プロバイダ責任制限法127頁。

6　不服申立て

(1)　提供命令の申立てについての決定に対する即時抗告が可能な場合

　提供命令の申立てについての決定は、開示命令事件を本案とする付随的事項についての裁判であり、「終局決定以外の非訟事件に関する裁判」（非訟 62 条 1 項）に該当します。このような終局決定以外の裁判に対する不服申立てについての規律は非訟事件手続法第 2 編第 4 章第 2 節（同法 79 条以下）において定められています。

　具体的には、「終局決定以外の裁判に対しては、特別の定めがある場合に限り、即時抗告をすることができる」（非訟 79 条）として、即時抗告ができる旨の「特別の定め」がなければ不服申立てができません（図 3-9-11）。

　プロバイダ責任制限法では、①提供命令の申立てを認容する旨の決定である提供命令が発令された場合についてのみ、この命令を受けた開示関係役務提供者[158]は即時抗告をすることができるという「特別の定め」が設けられています（法 15 条 5 項）。他方で、②提供命令の申立てを却下する旨の決定については「特別の定め」が設けられていないことから、当該決定に対して申立人は即時抗告をすることができません。

　提供命令の申立てについての決定のうち、①提供命令が発令された場合のみ即時抗告をすることができるとされたのは、提供命令の相手方は、命令に従って、その保有する侵害情報に係る発信者情報を元に特定される他の開示関係役務提供者の氏名等情報を申立人に提供し、かつ、当該他の開示関係役務提供者に対し、その保有する発信者情報を提供することを義務付けられるため、相手方の手続保障の観点から、即時抗告を可能としたも

---

[158]　非訟事件手続法 82 条により、終局決定以外の裁判に対する不服申立てについては終局決定に対する不服申立ての規定（第 2 編第 4 章第 1 節：終局決定に対する不服申立て）が基本的に準用されているものの、即時抗告権者を定める同法 66 条 1 項が準用されていないことから、プロバイダ責任制限法 15 条 5 項において即時抗告権者を「提供命令を受けた開示関係役務提供者」と明確にしたものである。

【図 3-9-11：提供命令に対する不服申立て】

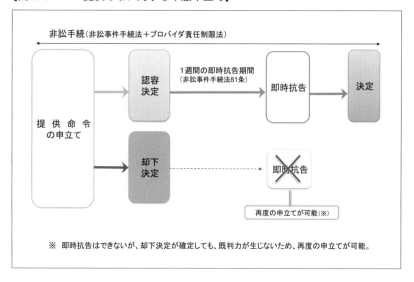

のです。他方で、②提供命令の申立てが却下された場合については、却下決定に既判力が生じないことから再度の提供命令の申立てもすることができるため、却下決定に対する即時抗告を認めなくとも申立人の手続保障に欠けるものではないことから即時抗告を可能とする「特別の定め」が設けられていません (図 3-9-11)[159]。

(2)　即時抗告期間

　提供命令に対する即時抗告の期間は、1 週間の不変期間である (非訟 81 条)。

　非訟事件手続法 81 条では、終局決定以外の裁判に対する即時抗告の即時抗告期間は 1 週間の不変期間とされていますが、これは終局決定以外の裁判は本案の審理・判断に対して派生的・付随的であり、本案に比して一層簡易迅速処理の要請が高いことから終局決定に対する即時抗告期間 (2 週間、非訟 67 条 1 項) よりも短期間とするのが合理的であるという趣旨で

---

159)　逐条解説プロバイダ責任制限法 231 頁以下。

す[160]。

　提供命令の場合においても、本案である開示命令と比較して、より簡易迅速処理の要請が高いことに変わりはないことから、同法の趣旨が妥当するものとして、非訟事件手続法が定める即時抗告期間である 1 週間の不変期間とされたものである[161]。

(3)　即時抗告の執行停止効の有無

　非訟事件手続法 82 条が準用する同法 72 条 1 項は「終局決定に対する即時抗告は、特別の定めがある場合を除き、執行停止の効力を有しない」として、原則として即時抗告に執行停止の効力を認めていないところ、プロバイダ責任制限法には、消去禁止命令に対する即時抗告について執行停止を認める旨の規定は存在しない（なお、非訟 82 条は終局決定以外の裁判に対する不服申立てについて終局決定に対する不服申立ての規定を準用するものである。）。

　そのため、提供命令を受けた開示関係役務提供者が提供命令に対して即時抗告を行った場合、その即時抗告は執行停止の効力を有しない（非訟 82 条による 72 条 1 項の準用[162]）。

　このようにプロバイダ責任制限法において執行停止効が認められていないのは、提供命令が発令される状況下では発信者情報を迅速に保全する必要性が認められることに考慮したものと考えることができる。

　例えば、提供命令の効力はその告知により生じるところ（非訟 62 条 1 項による 56 条 2 項の準用）、開示関係役務提供者が提供命令を不服として即時抗告したとしても、即時抗告には執行停止効が認められていないことから、開示関係役務提供者は提供命令に応じた他の開示関係役務提供者の特定作業等を行う必要があるものと考えられる[163]。

---

160)　逐条解説非訟法 318 頁以下参照。
161)　一問一答プロバイダ責任制限法 Q84（102 頁）。
162)　民事訴訟では一般的に即時抗告に執行停止の効力が認められている（民訴 334 条 1 項）。

第 10 節　消去禁止命令

1　消去禁止命令の意義

　消去禁止命令とは、開示命令事件の審理中に発信者情報が消去されることを防ぐため[164]、裁判所が、申立てにより、開示命令事件（異議の訴えが提起されたときにはその訴訟）が終了するまでの間、相手方となる開示関係役務提供者が保有する発信者情報を消去することを禁止する旨を命じることができる、という制度です（法 16 条 1 項）[165]。

　この消去禁止命令は、本案である開示命令事件に付随する裁判（終局決定以外の非訟事件に関する裁判）と位置付けられています。

　なお、相手方が開示関係役務提供者に該当する限り、経由プロバイダのみならず、コンテンツプロバイダに対しても消去禁止命令の申立てを行うことができます[166]。

---

163)　制度上は、執行停止の申立てにより提供命令の効力の停止等を求めることは可能です（非訟 82 条による 72 条 1 項ただし書の準用）が、開示関係役務提供者による他の開示関係役務提供者の特定作業が速やかに行われないのでは提供命令の実効性が失われることから、その効力の停止等が認められることは多くはないのではないかと考えられます。

164)　発信者情報の保存期間については**第 2 章・第 2 節・9**を参照のこと。

165)　消去禁止命令は、「終局決定以外の非訟事件に関する裁判」に該当することから、判事補が単独で発令することができます（非訟 62 条 3 項）。

166)　消去禁止命令と類似の効果をもたらす発信者情報消去禁止仮処分については、実際上、主として経由プロバイダに対して申し立てられているものと考えられます。これはコンテンツプロバイダに対する発信者情報開示請求の多くが IP アドレス等の開示を求めるものであるところ、仮処分により速やかに開示がなされるため敢えてコンテンツプロバイダに対して消去禁止の仮処分を申し立てるまでもないとの考慮等によるものと考えられます。

2　消去禁止命令を発令するための要件

　裁判所が消去禁止命令を発令するための要件は、①開示命令の申立てが
裁判所に係属していること（本案係属要件）、②「発信者情報開示命令の申
立てに係る侵害情報の発信者を特定することができなくなることを防止す
るため必要があると認めるとき」であること（保全の必要性）、③消去禁止
命令の相手方である開示関係役務提供者が消去禁止命令の対象となる発信
者情報を保有していること（発信者情報の保有要件）、です。

　これらの要件については、消去禁止命令が特殊保全処分であるという性
質上、民事保全法 13 条 2 項に準じて、証明ではなく、疎明があれば足り
ます[167]。

　これらの要件のうち、③「発信者情報の保有要件」については、発信者
情報開示請求が認められるための要件でもあるところ、開示命令の発令の
ため又は開示判決を取得するためには証明を必要としますが、消去禁止命
令の発令の判断にあたっては疎明で足りることとなります[168]。

(1)　本案係属要件

　消去禁止命令は、本案である開示命令事件に付随する裁判（終局決定以
外の非訟事件に関する裁判）と位置付けられていることから、開示命令の申
立てを行わずに、消去禁止命令の申立てをすることはできません。このこ
とは、条文上「本案の発信者情報開示命令事件が係属する裁判所」（法 16
条 1 項）と定められていることからも明らかです。このように位置付ける
ことで、消去禁止命令における簡易迅速処理の要請を実現しようとするも
のです（本案である開示命令事件の係属する裁判所で取り扱うことがもっとも

---

167)　逐条解説プロバイダ責任制限法 238 頁以下、一問一答プロバイダ責任制限法 Q87
　（105 頁）。なお、民事保全法 13 条 2 項は「保全すべき権利又は権利関係及び保全の
　必要性は、疎明しなければならない。」と疎明で足りることを条文上明記していま
　すが、プロバイダ責任制限法では解釈上疎明で足りると考えることができることから、
　敢えて同様の規定を設けなかったものと考えることができます。
168)　逐条解説プロバイダ責任制限法 239 頁、一問一答プロバイダ責任制限法 Q87
　（105 頁）参照。

合理的であるといえます）。

　こうしたことから、消去禁止命令の発令にあたっては、①本案係属要件が必要となります。

　もっとも、この①本案係属要件を充足するためには開示命令の申立てが係属していればよいことから、(i)開示命令の申立てを行った後に消去禁止命令の申立てを行う場合のほか、(ii)開示命令の申立てと消去禁止命令の申立てを同時に行う場合も、①本案係属要件を充足することとなります[169]。いずれの場合であっても、①本案係属要件を充足することとなりますが、実際には、(ii)の場合の方が迅速処理の要請に適う場合が多いものと思われます[170]。

　なお、消去禁止命令の管轄は本案である開示命令事件の管轄に従うこととなります。

(2)　保全の必要性

　「発信者情報開示命令の申立てに係る侵害情報の発信者を特定することができなくなることを防止するため必要があると認めるとき」（保全の必要性）とは、消去禁止命令が速やかに発令されないと、発信者情報が消去されて、発信者を特定することができなくなるおそれがあることを意味します[171]。

　保全の必要性を充足する場合としては、経由プロバイダにおけるアクセスログの保存期間が限られており、相手方であるコンテンツプロバイダに対する開示命令の申立てに対する決定を待った結果として、経由プロバイダの保有する発信者情報が消去されてしまう事態を避けるために消去禁止

---

169)　一問一答プロバイダ責任制限法 Q88（106 頁）参照。なお、消去禁止命令の申立てを単独で申し立てることのできる制度とされなかったのは、開示命令事件を担当する裁判所が統一的に判断を行うことが迅速な処理に繋がるとともに、消去禁止の目的である開示命令を申し立てる意思がないにもかかわらず消去禁止命令の申立てを濫発する事態を防止する必要があることなどが考えられます（逐条解説プロバイダ責任制限法 237 頁参照）。

170)　開示命令の申立てと消去禁止命令の申立てとは、一通の書面で行うこともできます（開示規4条2項）。

171)　逐条解説プロバイダ責任制限法 238 頁、一問一答プロバイダ責任制限法 Q89（107 頁）参照。

命令の申立てを行う場合が想定されます。

　実際上、この要件は、アクセスログの保存期間が限られていることに関する文献や裁判例等に基づいて主張することが想定されます[172]。

　なお、民事保全法では、「争いがある権利関係について債権者に生ずる著しい損害又は急迫の危険を避けるため」必要であること（保全の必要性）が要件となっています（民保 23 条 2 項）が、これに相当する要件となります。

(3)　発信者情報の保有要件

　消去禁止命令の相手方である開示関係役務提供者が発信者情報を保有していること（発信者情報の保有要件）とは、法 5 条 1 項及び 2 項における「保有」と別異に解する理由がないことから、相手方である開示関係役務提供者が消去禁止命令の対象となる発信者情報について開示することのできる権限を有することをいうものです。

3　消去禁止命令の効力

　「終局決定以外の非訟事件に関する裁判」である消去禁止命令は、その告知により効力を生じます（非訟 62 条 1 項による同法 56 条 2 項の準用）。

　これにより、命令を受けた者は、消去禁止命令の対象となっている保有する発信者情報を消去してはならないという効果が生じることとなります。例えば、「発信者の氏名又は名称及び住所を消去してはならない。」という趣旨の消去禁止命令が発令された場合には、この命令を受けた者はその「発信者の氏名又は名称及び住所を消去してはならない。」という義務を負うこととなります。

4　消去禁止命令の効力の終期

　こうした消去禁止命令の効果は、本案である開示命令事件が終了するま

---

172)　前掲注 130)　参照。

での間（異議の訴えが提起されたときは、その訴訟が終了するまでの間）、続くこととなります（法16条1項）。

　消去禁止命令が本案である開示命令事件に付随する暫定的な保全処分である以上、本案が終了すればその効力を維持させる理由がないことから、消去禁止命令の終期がこのように定められたものです。

　ここで、消去禁止命令は本案である開示命令事件に付随するものであることから、開示命令事件が終了するまでの間、消去してはならないとすれば足りるのではないかと考えることもできます。しかし、異議の訴えに移行した場合に消去禁止命令の効力が消滅してしまうと、申立人は別途発信者情報消去禁止の仮処分を申し立てることとなり、二度手間であるし、その効力の消滅後、仮処分申立てまでの間に発信者情報が消去されてしまうリスクも生じることから、異議の訴えがあった場合はその訴訟が終了するまで効力を及ばせることとしたものと考えることができます（法16条1項括弧書）。

　開示命令事件が終了するまでが消去禁止命令の効力の終期となる例としては、開示命令の申立てについての決定に対して異議の訴えが提起されずに確定した場合や開示命令の申立ての取下げにより開示命令事件が終了した場合のほか、開示命令事件が和解により終了した場合が挙げられます。

　また、異議の訴えが終了するまでが消去禁止命令の効力の終期となる例としては、異議の訴えにおける判決が確定した場合や裁判上の和解がなされた場合等が挙げられます[173]。

5　不服申立て

(1)　消去禁止命令の申立てについての決定に対する即時抗告が可能な場合

　消去禁止命令の申立てについての決定は、開示命令事件を本案とする付随的事項についての裁判であり、「終局決定以外の非訟事件に関する裁判」（非訟62条1項）に該当します。このような終局決定以外の裁判に対する

---

173)　主な終了原因については、逐条解説プロバイダ責任制限法239頁を参照。

【図 3-10-1：消去禁止命令に対する不服申立て】

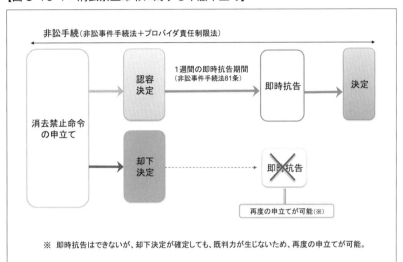

不服申立てについての規律は非訟事件手続法第 2 編第 4 章第 2 節（同法 79 条以下）において定められています。

　具体的には、「終局決定以外の裁判に対しては、特別の定めがある場合に限り、即時抗告をすることができる」（非訟 79 条）として、即時抗告ができる旨の「特別の定め」がなければ不服申立てをすることができません（図 3-10-1）。

　プロバイダ責任制限法では、①消去禁止命令の申立てを認容する旨の決定である消去禁止命令が発令された場合についてのみ、この命令を受けた開示関係役務提供者[174)]は即時抗告をすることができるという「特別の定め」が設けられています（法 16 条 3 項）。他方で、②消去禁止命令の申立てを却下する旨の決定については「特別の定め」が設けられていないこと

---

174)　非訟事件手続法 82 条により、終局決定以外の裁判に対する不服申立てについては終局決定に対する不服申立ての規定（第 2 編第 4 章第 1 節：終局決定に対する不服申立て）が基本的に準用されているものの、即時抗告権者を定める同法 66 条 1 項が準用されていないことから、プロバイダ責任制限法 16 条 3 項において即時抗告権者を「消去禁止命令を受けた開示関係役務提供者」と明確にしたものといえます。

から、当該決定に対して申立人は即時抗告をすることができないことになります。

　消去禁止命令の申立てについての決定のうち、①消去禁止命令が発令された場合のみ即時抗告をすることができるとされたのは、消去禁止命令の相手方は、命令に従って発信者情報の消去禁止措置を講じることを義務付けられるため、相手方の手続保障の観点から、即時抗告を可能としたものです。他方で、②消去禁止命令の申立てが却下された場合については、却下決定に既判力が生じないことから再度の消去禁止命令の申立てもすることができるため、却下決定に対する即時抗告を認めなくとも申立人の手続保障に欠けるものではないことから即時抗告を可能とする「特別の定め」が設けられていないものといえます。

(2)　即時抗告期間

　消去禁止命令に対する即時抗告の期間は、1週間の不変期間です（非訟81条）。

　非訟事件手続法81条では、終局決定以外の裁判に対する即時抗告の即時抗告期間は1週間の不変期間とされていますが、これは終局決定以外の裁判は本案の審理・判断に対して派生的・付随的であり、本案に比して一層簡易迅速処理の要請が高いことから終局決定に対する即時抗告期間（2週間、非訟67条1項）よりも短期間とするのが合理的であるという趣旨です[175]。

　消去禁止命令の場合においても、発信者情報を速やかに保全する必要があり、本案である開示命令と比較して、より簡易迅速処理の要請が高いことに変わりはないことから、同法の趣旨が妥当するものとして、非訟事件手続法が定める即時抗告期間である1週間の不変期間とされたものです[176]。

---

175)　逐条解説非訟法318頁以下参照。
176)　一問一答プロバイダ責任制限法Q93（111頁）。

(3)　即時抗告の執行停止効の有無

非訟事件手続法 82 条が準用する同法 72 条 1 項は「終局決定に対する即時抗告は、特別の定めがある場合を除き、執行停止の効力を有しない。」として、原則として即時抗告に執行停止の効力を認めていないところ[177]、プロバイダ責任制限法には、消去禁止命令に対する即時抗告について執行停止を認める旨の規定は存在しません（なお、非訟 82 条は終局決定以外の裁判に対する不服申立てについて終局決定に対する不服申立ての規定を準用するものです。）。

そのため、消去禁止命令を受けた開示関係役務提供者が消去禁止命令に対して即時抗告を行った場合、その即時抗告は執行停止の効力を有しません（非訟 82 条による 72 条 1 項の準用）。

このようにプロバイダ責任制限法において執行停止効が認められていないのは、消去禁止命令が発令される状況下では発信者情報を迅速に保全する必要性が認められることに考慮したものと考えることができます。

例えば、消去禁止命令に係る抗告審中に、消去禁止命令の対象となっている発信者情報の保存期間が経過したとしても、消去禁止の効力が告知により生じていることから（非訟 62 条 1 項による 56 条 2 項の準用）、期間経過を理由として、当該情報を消去することはできないものと考えられます[178]。

6　消去禁止命令と類似の手続

消去禁止命令と同様の効果をもたらすものとしては、民事保全法に基づく発信者情報消去禁止の仮処分及び裁判外の保全要請を挙げることができます。

---

177)　民事訴訟では一般的に即時抗告に執行停止の効力が認められています（民訴 334 条 1 項）。
178)　制度上は、執行停止の申立てにより消去禁止命令の効力の停止等を求めることは可能です（非訟 82 条による 72 条 1 項ただし書の準用）が、発信者情報が消去されたのでは消去禁止命令の実効性が失われることから、その効力の停止等が認められることは稀ではないかと考えられます。

(1)　発信者情報消去禁止仮処分

(a)　発信者情報消去禁止仮処分とは別に消去禁止命令を創設する理由

　令和3年改正によりプロバイダ責任制限法に開示命令手続が導入されたとしても、民事訴訟法による発信者情報開示請求訴訟を提起することも可能であることから、これを本案とする発信者情報消去禁止の仮処分を求めることも可能です。そのため、発信者情報の消去禁止を求めるためには仮処分手続によれば足り、仮処分手続とは別に消去禁止命令を創設する必要がないとも考えることも可能です[179]が、改正法は消去禁止命令を創設しました（法16条1項）。

　これは、発信者情報の保存期間が限られているため発信者情報の消去禁止を求める手続については高い迅速性が求められるところ、仮処分手続によると、発令するためには原則として口頭弁論又は審尋期日を経なければならないため（民保23条4項本文）、より迅速な消去禁止を可能とする制度を創設することが適切であると考えられたことなどがその理由です[180]。

(b)　消去禁止命令と発信者情報消去禁止仮処分との違い

　消去禁止命令と民事保全法に基づく仮の地位を定めるための仮処分である発信者情報消去禁止仮処分とを比較すると、ともに①発令の判断にあたっては疎明で足りること、②相手方（債務者）が対象となる発信者情報を保有していること及び③発信者情報の消去を禁止する効果を有するといった共通点があるものの、両者には、主に次のような違いがあります（図3-10-2）。

(i)　要件面からみた違い

　発信者情報消去禁止仮処分では、仮処分決定の発令要件としては⒤保全の必要性及び⒤⒤被保全権利である発信者情報開示請求権の存在について疎明することが必要です。他方、消去禁止命令では、⒤保全の必要性及び⒤⒤⒤本案である開示命令の申立てが係属していること（本案係属要件）を疎明

---

179)　例えば、労働事件については、民事訴訟手続以外の手続である労働審判手続を利用することができるものの、労働審判手続独自の保全処分は創設されておらず、労働事件を本案とする民事保全法上の保全処分が利用されている。
180)　逐条解説プロバイダ責任制限法235頁。

【図 3-10-2：発信者情報消去禁止の仮処分と消去禁止命令の要件等の比較】

	消去禁止仮処分	消去禁止命令
本案係属要件	×	○ （法 16 条 1 項）
保全の必要性	○ （民保 23 条 2 項）	○ （法 16 条 1 項）
被保全債権 の存在	○ （民保 13 条）	×
保有要件	○	○
証明度	疎明 （民保 13 条 2 項）	疎明 （解釈）
担保の要否	○ （民保 14 条 1 項）	×

すれば足りることとなり、⑪発信者情報開示請求権の存在についての疎明は不要です。

　そのため、要件面から比較した場合、⑪被保全権利の存在について疎明する必要がないことから、消去禁止命令の方が速やかに発令されやすい制度設計であるといえます（これらのほか共通の要件として、保有要件があります。）。

　　(ii)　審理面からみた違い

　発信者情報消去禁止仮処分を発令するには、原則として債務者を呼び出し、期日において審尋する必要があります（民保 23 条 4 項）。他方、消去禁止命令の発令にあたり、相手方の陳述の聴取を実施するかは裁判官の裁量に委ねられています。

　　(iii)　立担保の要否からみた違い

　発信者情報消去禁止仮処分は、通常、担保を立てることが発令のための条件となっています[181]（民保 14 条 1 項）。他方、消去禁止命令では、発令のための担保は不要です。

　民事保全法 14 条 1 項が保全命令の発令にあたり立担保を求める趣旨は、違法・不当な保全処分の執行（被保全権利や保全の必要性がなかったのにも

かかわらず保全命令が発令・執行された場合等）によって債務者が被るであろう損害を担保することにあります[182]。消去禁止命令の場合、相手方は保有する情報を消去しない措置を行うにすぎず、具体的かつ相当な程度の損害が生じることが想定できない上、簡易迅速性の求められる消去禁止命令においては立担保を不要とすることが望ましいとの考慮から、立担保は不要とされたものといえます。

　　(iv)　このように、消去禁止命令は、発信者情報消去禁止仮処分と比べると、簡易迅速性が高く、制度上担保が不要であるなど申立人にとって利便性の高い仕組みであるといえます（図 3-10-2）。

(2)　保全要請

　保全要請とは、プロバイダ等に対し、発信者情報を消去しないよう要請を行うことを指します。これは裁判上の手続ではなく、裁判外における任意の要請にすぎないことから、この要請を受けて保全措置を行うかどうかはプロバイダ等の判断に委ねられています。

　保全要請を行う場合には、電気通信事業者等により構成されるプロバイダ責任制限法ガイドライン等検討協議会が策定・公表している「プロバイダ責任制限法　発信者情報開示関係ガイドライン」が参考となります[183]。

　これによれば、「請求者から、発信者情報開示請求に先立ち、発信者情報を消去しないよう保全要請がなされる場合がある。このような場合には、保全を要請する者から、保全を必要とする発信者情報を特定する情報及び当該やむを得ない事情を記載した書面、本人性を確認できる資料並びに特定電気通信による情報の流通によって自己の権利が侵害されているこ

---

181)　東京地方裁判所民事 9 部（保全部）では、発信者情報消去禁止の仮処分の担保額については 10 万円から 30 万円までの間で決定されることが多いとされます（仮処分の実務 Q48（263 頁以下））。なお、消去禁止の仮処分においても、事実上担保を不要とする債務者がいるほか、和解で終了する場合も多いなど、担保が不要となる場面もあります（野村昌也「東京地方裁判所民事第 9 部におけるインターネット関係仮処分の処理の実情」判タ 1395 号（2014 年）25 頁、神田知宏『インターネット削除請求・発信者情報開示請求の実務と書式』（日本加除出版、2021 年）97 頁）。
182)　山本和彦ほか編『新基本法コンメンタール民事保全法』（日本評論社、2014 年）53 頁。
183)　〈https://www.telesa.or.jp/consortium/provider〉

とを証する資料（その時点で添付可能な資料）が提出されて保全要請がなされた場合であって、プロバイダ等が当該書面により発信者情報を保全することが合理的であると判断したときは、プロバイダ等は、合理的期間を定めて例外的に発信者情報を保全できるものと考えられる。」とされています[184]。

　なお、発信者情報開示請求権（法 5 条 1 項及び 2 項）は、現にプロバイダ等が保有している発信者情報について開示の対象とするものであり、発信者情報の保存を義務付けるものとは解釈されていません[185]。

---

184)　同ガイドライン（第 9 版（令和 4 年 9 月））7 頁注 7。
185)　逐条解説プロバイダ責任制限法 102 頁。

第 11 節　決定の告知方法等

1　決定の告知方法

(1)　開示命令事件

　発信者情報開示命令の申立てについての決定（終局決定）は、申立人及び相手方に対し、「相当と認める方法」で告知しなければならない、とされています（非訟 56 条 1 項）。

　告知方法を「相当と認める方法」とする趣旨は、一律に送達によるべきものとした場合には、その告知に時間を要する結果、迅速処理が要請される開示命令事件にそぐわない場合もあると考えられることから、非訟事件手続法の原則どおり、「相当と認める方法」によることとし、具体的事案に応じた裁判所の裁量に委ねるものです。

(2)　提供命令及び消去禁止命令事件

　提供命令及び消去禁止命令の申立てについての決定（終局決定以外の裁判）は、申立人及び相手方に対し、「相当と認める方法」で告知しなければならない、とされています（非訟 62 条 1 項による同法 56 条 1 項の準用）。

　本案である開示命令の申立てについての決定（終局決定）の告知方法が「相当と認める方法」とされている以上、より簡易迅速処理の要請の高い提供命令及び消去禁止命令について一律に送達によるべきとするのは均衡を欠くことから、非訟事件手続法の原則どおり、「相当と認める方法に」より決定を告知するものとし、具体的事案に応じた裁判所の裁量に委ねるものです。

2　決定の効力発生時期

(1)　開示命令の申立てについての決定の効力発生時期

　決定の効力は、当該決定の告知により生じることとなります（非訟56条2項及び3項）。これは、当該決定の告知により効力を生じるという非訟事件手続法上の規律を維持することが迅速な開示に資するという考慮によるものです。

(2)　提供命令及び消去禁止命令の申立てについての決定の効力発生時期

　提供命令及び消去禁止命令の申立てについての決定（終局決定以外の裁判）の効力は、開示命令の申立てについての決定（終局決定）の効力発生時期と同様に、その決定の告知により生じることとなります（非訟62条1項による同法56条2項及び3項の準用）。

3　決定書の記載事項

(1)　開示命令の申立てについての決定の裁判書

　終局決定である開示命令の申立てについての決定は、裁判書を作成してしなければならないとされています（非訟57条1項本文）。この決定の裁判書については、民事訴訟における判決書のように「理由」の記載が必要的とされているものではなく（民訴253条1項3号。なお、民事訴訟法の令和4年改正法の施行後においては252条1項3号）、「理由の要旨」を記載すれば足りるものとされています（非訟57条2項2号）。

　これは、「理由」の記載を必要的なものとしたのでは、裁判書の作成に時間を要することとなる結果、開示命令の申立てにおける簡易迅速処理の要請にそぐわない場合も考えられることから、プロバイダ責任制限法において非訟事件手続法57条2項2号（終局決定の裁判書の必要的記載事項として「理由の要旨」を定める規定）の特則を設けず、非訟事件手続法の原則

どおり「理由の要旨」で足りることとしたものです[186]。

⑵　提供命令及び消去禁止命令の申立てについての決定の裁判書

　終局決定以外の裁判である提供命令及び消去禁止命令の申立てについての決定については、非訟事件手続法62条1項括弧書が裁判書の作成を義務付ける同法57条1項を準用していないことから、裁判書を作成するか否かは裁判所の裁量に委ねられています。

　もっとも、裁判所が任意に裁判書を作成する場合には、同法62条1項による同法57条2項の準用により「理由の要旨」の記載で足りることとなります[187]。これは、開示命令の申立てについての決定の裁判書が「理由の要旨」の記載で足りるとされていることとの均衡から、より簡易迅速性の要請の高い提供命令及び消去禁止命令の申立てについての決定の裁判書において「理由」の記載を求める理由がないためです（図3-11-1）。

【図3-11-1：決定の告知方法及び効力発生時期】

	開示命令の申立て	提供命令の申立て	消去禁止命令の申立て
決定の告知方法	相当と認める方法（非訟56条1項）	相当と認める方法（非訟62条1項による同法56条1項の準用）	相当と認める方法（非訟62条1項による同法56条1項の準用）
決定の効力発生時期	決定の告知時（非訟56条2項、3項）	決定の告知時（非訟62条1項による同法56条2項、3項の準用）	決定の告知時（非訟62条1項による同法56条2項、3項の準用）
裁判書の記載事項	理由の要旨（非訟57条2項2号）	理由の要旨（非訟62条1項による同法57条2項の準用）	理由の要旨（非訟62条1項による同法57条2項の準用）
―	簡易迅速処理の要請から非訟の原則が採用されている。		

---

186)　より詳細な理由については一問一答プロバイダ責任制限法 Q42（54頁以下）を参照のこと。

187)　一問一答プロバイダ責任制限法 Q42（54頁以下 注3）及び逐条解説非訟法238頁を参照。

第12節　異議の訴え

1　異議の訴えの趣旨

　開示命令の申立てについての決定（開示又は不開示の判断）がなされた場合、当該決定（当該申立てを不適法として却下する決定を除く。）に不服がある当事者は、その決定の当否を争うために、訴えを提起することができます（法14条1項）。これを異議の訴えといい、民事訴訟法の規律が妥当する民事訴訟手続であり、同法に定める規律のほかプロバイダ責任制限法14条に定める規律が妥当することとなります（図3-12-1）。また、当該決定は、異議の訴えの提起期間満了前には確定せず、その確定は異議の訴えの提起により遮断されます。

　このような類型の訴え[188]が創設されたのは、開示命令事件は、発信者情報開示請求権（法5条1項及び2項）という実体的な権利義務の内容にかかわるものであり、その権利義務の存否及びその内容を終局的に確定させるためには、最終的には異議の訴えという訴訟手続により争う機会を保障しておく必要があるとの考慮によるものです（憲法32条参照）[189]。

　なお、非訟事件手続法上、非訟事件の終局決定に対する不服申立て方法は同法第2編第4章第1節（終局決定に対する不服申立て）に定められていますが、異議の訴えを定める法14条1項はその特則に位置付けられます。そのため、異議の訴えの対象となる決定に対して、当該訴えとは別に、非訟事件手続法に定める不服申立て（即時抗告等）をすることはできません[190]。

---

188)　非訟手続の決定に不服がある場合に訴訟手続による救済を求められる他法の類例としては、例えば破産法（平成16年法律第75号）があります。すなわち、破産債権査定決定手続（同法125条）、役員責任査定決定手続（同法178条及び179条）、否認請求に対する決定手続（同法173条及び174条）における各決定に不服のある当事者は、その後の訴訟手続（異議の訴え）により実体的な権利義務の存否及びその内容を争うことができます（同法175条1項、180条1項及び216条1項）。

189)　逐条解説プロバイダ責任制限法198頁。

【図 3-12-1：異議の訴え】

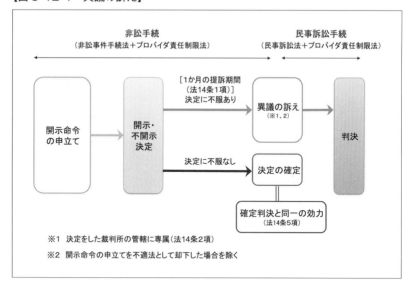

2　異議の訴えの提起期間

　開示命令の申立てについての決定（開示又は不開示の判断）の告知を受けた日から 1 月の不変期間内に、異議の訴えを提起する必要があります（法 14 条 1 項）。

3　異議の訴えの対象となる決定

　異議の訴えの対象となる「発信者情報開示命令の申立てについての決定」とは、終局決定[191]のうち、開示命令の申立てについての裁判所の判断であり、民事訴訟における「本案判決」に相当するものを意味します。
　具体的には、裁判所が開示命令の申立てについて開示の当否という実体

---

190)　逐条解説プロバイダ責任制限法 198 頁、一問一答プロバイダ責任制限法 Q69（87 頁）。

判断を下したときには「本案判決」に相当するものとして異議の訴えの対象となります。他方、裁判所が開示命令の申立てを不適法として却下決定を行った場合、当該決定は「本案判決」に相当するものではなく、異議の訴えを提起することはできません（法 14 条 1 項括弧書）[192]。

そのため、認容決定（開示決定）は開示の当否という実体判断を伴うものであるから異議の訴えを提起することができるのに対し、却下決定にはかかる実体判断を伴う不開示決定と実体判断を伴わない決定とが存在することとなります。

このように、却下決定には 2 つの性質を有するものがあるのは、非訟事件の手続では、民事訴訟手続とは異なり、棄却（請求の当否について判断するもの）と却下（訴訟要件を欠くと判断するもの）とを明確に区別していないため、却下決定には実体判断を行うものとそうでないものとが含まれることによるものです[193]。

この異議の訴えの対象となる却下決定と異議の訴えの対象とはならない却下決定（申立てを不適法として却下する決定）とは、実体判断を行ったか否かにより区別されることになりますが、これは、裁判書の必要的記載事項である「理由の要旨」により判明するものと考えられます（非訟 57 条 2 項 2 号）。

---

191)　なお、終局決定以外の裁判（非訟 62 条）とは、終局決定のための手続の派生的事項又は付随的事項についての裁判所の判断（管轄裁判所の指定についての裁判（同法 7 条）や除斥・忌避の裁判（同法 11 条から 15 条まで）等）であるか、本案についての判断であっても終局的な判断でないもの（計算違い等による更正決定（同法 58 条 1 項等））を意味し、これらについては、異議の訴えの対象となる裁判には該当せず、非訟事件手続法に規定する不服申立て方法によることとなります（同法 66 条以下）。

192)　開示命令の申立てを不適法として却下する決定については、非訟事件手続における終局決定に該当することから、当該決定に対しては、即時抗告を行うことができるものとして考えることができます（非訟 66 条 1 項及び 2 項）。

193)　逐条解説プロバイダ責任制限法 199 頁以下、一問一答プロバイダ責任制限法 Q68（86 頁）。

4　異議の訴えの管轄

　異議の訴えは、民事訴訟法4条に定める被告の普通裁判籍の所在地を管轄する裁判所の管轄に属するものではなく、「開示命令事件の申立てについての決定」を行った裁判所の管轄に専属します（法14条2項）。

　例えば、神奈川県に住居を有するXが東京都千代田区に所在するコンテンツプロバイダY1に対する開示命令及び提供命令の各申立てを東京地方裁判所に対して同時に行い、提供命令により氏名等情報が提供された経由プロバイダY2が宮崎県宮崎市に所在していても、先行するY1に対する開示命令の申立てが東京地方裁判所に係属する限り、後行するY2に対する開示命令の申立ては東京地方裁判所の専属管轄に属することとなります（法10条7項）[194]。この場合において、東京地方裁判所により、Y1とY2に対する開示命令事件が併合審理されて、開示命令の申立てをいずれも却下する旨の決定（不開示決定）がなされた場合、当該決定を不服として、申立人が原告として異議の訴えを提起するのは「開示命令事件の申立てについての決定」をした裁判所である東京地方裁判所となります。他方、開示命令の申立てをいずれも認容する旨の決定（開示決定）がなされた場合であっても、当該決定を不服として、相手方であるY1やY2が原告として異議の訴えを提起するのは、同様に「開示命令事件の申立てについての決定」をした裁判所である東京地方裁判所となります。

　これは異議の訴えが同一の侵害情報についての不服申立てであることから、別々の裁判所が審理及び判断をするのではなく、同一の裁判所が審理・判断をすることが訴訟経済の要請に沿うといえることに配慮したものです（前者の場合を例にとると、民事訴訟法4条の定めによればY1の所在地を管轄する東京地方裁判所とY2の所在地を管轄する宮崎地方裁判所とに別々に異議の訴えが係属することとなりますが、それでは訴訟経済の要請にそぐわない結果となってしまいます）。そこで、民事訴訟法第1編第2章第2節（管

---

194)　提供命令については**本章・第9節**を、提供命令を利用した際の専属管轄については**本章・第3節・3・(2)・(f)**を、それぞれ参照のこと。

轄）の特則として専属管轄の規律が設けられたものです（法 14 条 2 項）[195]。

　このような異議の訴えにおける専属管轄の規律を経由プロバイダの立場からみた場合、提供命令が利用される場面においては、経由プロバイダがコンテンツプロバイダの所在地を管轄する裁判所の管轄に従うこととなります（例えば、前者の例によれば Y2 は宮崎県に所在するにもかかわらず、東京地方裁判所での訴訟追行が必要となります。）が、これは上記の訴訟経済の要請が経由プロバイダの管轄の利益を上回るものとして政策的に専属管轄の規律が設けられたものと考えることができます。

5　異議の訴えにおける判決の内容

　開示命令の申立てについての決定に不服のある当事者が提起した異議の訴えにおいては、当該訴えを不適法として却下する場合を除き、当該決定を認可し、変更し、又は取り消す旨の判決がなされることとなります（法 14 条 3 項）。

　具体的には、開示命令の申立てについての決定を妥当であると判断するならば当該決定を認可し（認可判決）、当該決定の全部を不当であると判断するならば当該決定を取り消し（取消判決）、当該決定の一部を不当と判断するならば妥当であると判断する限りで変更する（変更判決）旨の判決がなされることとなります[196]。

　なお、異議の訴えにおける判決では仮執行宣言を付すことができる旨の規定が設けられていないことから、発信者情報の開示について仮執行宣言を付すことはできません。これは、発信者情報の開示は発信者のプライバシーや表現の自由、通信の秘密という重大な権利利益に関する事項である上、その性質上、一旦開示されてしまうとその原状回復は困難であることから、仮執行宣言を付すことは妥当でないとの考慮に基づくものです[197]。

---

195)　逐条解説プロバイダ責任制限法 201 頁、一問一答プロバイダ責任制限法 Q71（89 頁）。

196)　逐条解説プロバイダ責任制限法 201 頁以下、一問一答プロバイダ責任制限法 Q72（90 頁）。

6　異議の訴えにおける判決の効力

　異議の訴えにおける判決のうち、開示命令の申立てについての決定を認可し、又は変更した判決（認可判決又は変更判決）で、発信者情報の開示を命ずるものについては、「強制執行に関しては、給付を命ずる判決と同一の効力を有する」ものとして、既判力[198]のほか、執行力[199]が付与されています（法 14 条 4 項）。

　これは、異議の訴えが形成の訴えであると考えられ、一般に執行力を認めることができないところ、当該訴えにおける認可判決又は変更判決で、発信者情報の開示を命じる限りでは発信者情報開示請求権の存否及びその内容を確定することを目的としており、実質的には給付訴訟と同様の機能を有していることから、判決の実効性を確保するために、執行力を付与したものです[200]。また、例えば、認可判決では「決定を認可する。」、変更判決では「決定を変更する。」という主文がそれぞれ考えられるところ、これらの主文には給付文言が明示されているとはまでは言い切れないことから、執行力を有する場合があることを明らかにする趣旨も含むものといえます（ただし、この点については、「判決主文において給付の内容を明確にすることが想定される」とされています[201]。）。

　他方、例えば、開示命令の申立てを却下する決定に対して異議の訴えが提起されて審理がなされた結果、発信者情報の開示を命ずることが相当であるとして取消判決がなされる場合には、当該決定を取り消した上で、発信者情報の開示を命じることが想定されます。このような場合には、判決主文において「（発信者情報を）開示せよ。」との給付文言が明示されるものと考えられることから、判決の主文上、執行力を有することは明らかで

---

197)　逐条解説プロバイダ責任制限法 203 頁。
198)　既判力とは、一般に、確定判決が当事者及び裁判所に対して有する、権利・法律関係の存否に関する判断を不可争とする効力をいいます。
199)　ここでいう執行力とは、給付決定等によって命じられた給付義務を強制執行手続によって実現する効力のことをいいます。
200)　逐条解説プロバイダ責任制限法 202 頁以下。
201)　逐条解説プロバイダ責任制限法 203 頁。

【図 3-12-2：異議の訴えにおける判決の効力】

	認可判決	変更判決	取消判決
開示命令の申立てについて認容決定	既判力 執行力	既判力 執行力	既判力
開示命令の申立てについて却下決定	既判力	既判力 執行力	既判力 執行力

す。そこで、法14条4項では「取り消す」場合の規定は設けられていないものと考えることができます（図3-12-2）。

7　終局決定後の取消し又は変更に関する規定（非訟59条1項）の適用読替え（法14条6項）

(1)　非訟事件手続法59条1項の規律

　非訟事件手続法59条1項は、「裁判所は、終局決定をした後、その決定を不当と認めるときは、次に掲げる決定を除き、職権で、これを取り消し、又は変更することができる。」とし、取消し等をすることのできない決定として、「申立てによってのみ裁判をすべき場合において申立てを却下した決定」（1号）及び「即時抗告をすることができる決定」（2号）を列挙しています。

　これは、非訟事件における終局決定には様々なものがあるところ、一般的にいえば、裁判所が公益的性質を有する事項につき合目的的又は後見的な立場から事案に応じて裁量権を行使してあるべき法律関係を形成するものであるという面が強いものが想定されるため、終局決定が当初から不当であった場合又は事後的な事情の変更により不当になった場合には、裁判所が職権により、これを取り消し、又は変更することができることとするのが相当であるとの考慮に基づくものであるとされます[202]。もっとも、申立てによってのみ裁判をすべき場合において申立てを却下する終局決定

---

202)　逐条解説非訟法225頁以下。

について職権により決定を変更できるとすると、申立てなしに裁判をすることに等しくなり、申立てによってのみ終局決定をすべきとして職権による裁判を否定した趣旨が失われること（1号）、即時抗告をすることができる終局決定については、即時抗告により裁判の是正を図ることができる一方、即時抗告期間経過後も取消し又は変更の終局決定をすることができるものとすると、不服申立方法を即時抗告に限定して法律関係の早期安定を図った趣旨が損なわれることから（2号）、当該終局決定については取消し等ができないものとされています。

⑵　法14条6項の規定による非訟事件手続法59条1項2号の適用読替え

このような非訟事件手続法59条1項について、法14条6項は、そのうちの2号について適用読替えの規定を設けています。すなわち、開示命令の申立てについての終局決定後における当該決定の取消し又は変更ができる旨の規定の適用に関し、「即時抗告をする」（非訟59条1項2号）とあるのを「異議の訴えを提起する」と読み替えるものです。

これにより、裁判所は、異議の訴えを提起することができる終局決定をした後に、これを職権で取り消し又は変更することができないこととなります。

かかる適用読替えがなされた趣旨は、①当事者が自ら処分することができる発信者情報開示請求権という私的な実体法上の権利の存否及びその内容を問題とするものであり、前記の公益性が低いこと、②開示命令事件は申立てによってのみ終局決定がなされる類型であり、職権による変更等を認めたのでは職権による裁判を許容していない趣旨に反すること（法8条）、③不服申立方法として異議の訴えが認められており、職権による変更等を認めたのでは異議の訴えを通じて法律関係の安定を図る趣旨が損なわれること（法14条1項）です[203]。

なお、提供命令事件及び消去禁止命令事件については、非訟事件手続法59条1項の適用読替えがなされていません。これは、両事件の決定は、非訟事件手続法62条1項が準用する同法59条1項2号に該当するため、

---

203)　逐条解説プロバイダ責任制限法205頁以下。

そもそも終局決定後の裁判所による取消し又は変更はできないことから、読み替える必要がないとの理由によるものです[204]。

【法14条6項の規定による非訟事件手続法59条1項の読替え】[205]

（凡例　＿＿＿＿＝読替え）

読　替　後	読　替　前
（終局決定の取消し又は変更） 第五十九条　裁判所は、終局決定をした後、その決定を不当と認めるときは、次に掲げる決定を除き、職権で、これを取り消し、又は変更することができる。 　一　申立てによってのみ裁判をすべき場合において申立てを却下した決定 　二　異議の訴えを提起することができる決定 2〜4　（略）	（終局決定の取消し又は変更） 第五十九条　裁判所は、終局決定をした後、その決定を不当と認めるときは、次に掲げる決定を除き、職権で、これを取り消し、又は変更することができる。 　一　申立てによってのみ裁判をすべき場合において申立てを却下した決定 　二　即時抗告をする＿＿＿＿ことができる決定 2〜4　（同上）

---

204)　提供命令及び消去禁止命令の申立てを認容する決定に対しては相手方が即時抗告をすることができる（法15条5項及び16条3項）。また、提供命令及び消去禁止命令は、申立てによってのみ裁判がなされることから、これらの申立てを却下する決定は非訟事件手続法62条1項が準用する同法59条1項1号に該当します。このように認容決定又は却下決定のいずれであっても、読替の必要はないこととなります。

205)　一問一答プロバイダ責任制限147頁 資料3より抜粋。

第 13 節　適用除外

前記（**本章・第 1 節・2・(1)**）のように、開示命令事件に関する裁判手続には非訟事件手続法が適用されるものの、その適用が除外されている規定もあります[206]。具体的には、①手続代理人の資格に関する特則（許可代理）を規定する非訟 22 条 1 項ただし書、②手続費用の国庫立替えを規定する非訟 27 条[207] 及び③非訟事件手続への検察官の関与を規定する非訟 40 条[208] です。

【適用が除外される非訟事件手続法の規定】

（手続代理人の資格）

第二十二条　法令により裁判上の行為をすることができる代理人のほか、弁護士でなければ手続代理人となることができない。ただし、第一審裁判所においては、その許可を得て、弁護士でない者を手続代理人とすることができる。

2　前項ただし書の許可は、いつでも取り消すことができる。

（手続費用の立替え）

第二十七条　事実の調査、証拠調べ、呼出し、告知その他の非訟事件の手続に必要な行為に要する費用は、国庫において立て替えることができる。

（検察官の関与）

第四十条　検察官は、非訟事件について意見を述べ、その手続の期日

---

206)　詳細な適用関係については、逐条解説プロバイダ責任制限法 253 頁以下、又は一問一答プロバイダ責任制限法「資料 4　新法と非訟事件手続法の適用関係表」152 頁を参照のこと。

207)　非訟 27 条の適用を除外する他法の類例として、借地借家法 42 条 1 項等。

208)　非訟 40 条の適用を除外する他法の類例として、借地借家法 42 条 1 項、会社法 875 条等。

に立ち会うことができる。

2　裁判所は、検察官に対し、非訟事件が係属したこと及びその手続
の期日を通知するものとする。

※　22 条については、下線部分のみが適用除外（下線筆者）

1　手続代理人の資格に関する特則（許可代理）を規定する非訟 22 条 1 項ただし書の適用除外

　非訟事件では「法令により裁判上の行為をすることができる代理人のほか、弁護士でなければ手続代理人となることができない」とする弁護士代理の原則が採用されています（非訟 22 条 1 項本文）。これは、非訟事件にも事案の複雑なものや紛争性の高いものが少なからずあり、必ずしも一般的に、民事訴訟と比較して手続代理が容易であるということはできないことから、原則としては民事訴訟と同様の制度（民訴 54 条 1 項本文）とするのが相当と考えられるためです[209]。

　もっとも、非訟 22 条 1 項ただし書は、「第一審裁判所においては、その許可を得て、弁護士でない者を手続代理人とすることができる」として、手続代理人の資格に関する特則（許可代理）を定めています。これは、非訟事件の中には、紛争性がなく、その事案も比較的軽微なものもあることから、弁護士でない者が手続代理人として手続行為をすることを認めても差支えがない場合があることを考慮したものです[210]。

　このような手続代理人の資格を規定する非訟 22 条について、法 17 条は、そのうち、手続代理人の資格に関する特則（許可代理）を規定する非訟 22 条 1 項ただし書のみの適用を除外しています[211]。これは、開示命令事件に関する裁判手続で争われる事案には、開示の要否をめぐって紛争性

---

209)　逐条解説非訟法 85 頁以下。
210)　逐条解説非訟法 86 頁以下。なお、旧非訟事件手続法では、弁護士代理の原則は
採用されていませんでした。その趣旨は、「非訟事件は民事訴訟に比し、手続は簡易
であり、且完全な職権主義が採られているから、訴訟能力を有する者であれば、仮令
弁護士ではなくとも十分に手続を遂行することができるから」です（入江一郎ほか編
『条解非訟事件手続法』（帝国判例法規出版社、1963 年）59 頁）が、非訟事件の多様
化を踏まえて、規律が変更されたものです。

のある場合も予想されるほか、開示命令事件に関する裁判手続が被害者の権利救済のための制度である一方で、発信者情報が発信者のプライバシー、表現の自由及び通信の秘密に関わる情報であることから、当事者の利益保護を確実にし、手続進行の円滑化を図るとともに、事件屋の跋扈を防止するためには弁護士代理の原則を貫徹すべきであると考えられたためだからです。

　これにより、開示命令事件に関する裁判手続における手続代理人の資格は、法令により裁判上の行為をすることができる代理人及び弁護士に限定されることとなります（非訟22条1項本文）[212]。

2　手続費用の国庫立替えを規定する非訟27条の適用除外

　民事訴訟費用等に関する法律12条1項は、同法11条1項が定める費用を要する行為について、原則として当事者等に手続費用の概算額を予納させるものとしているところ、非訟事件の後見的又は公益的性質からすると、事案によっては当事者が予納しなければ当該手続を行わなくてもよいというわけにはいかず、一時的に国庫が費用を負担してでも、裁判所が当該非訟事件について判断するために必要と認める資料を迅速に得る必要がある場合も考えられます。そこで、同法12条1項に規定する「別段の定め」として、手続費用の国庫立替えを可能とする非訟27条が設けられています[213]。

　もっとも、開示命令事件に関する裁判手続では、当事者が処分することのできる発信者情報開示請求権という、いわば私的な実体法上の権利の存否及びその内容が問題となっており、その争訟性、私益性の高さからする

---

211)　非訟22条2項は「前項ただし書の許可は、いつでも取り消すことができる。」として、同条1項ただし書を前提としています。そのため、1項ただし書の適用が除外されることから、2項についても適用除外とすることも考えられますが、法17条では2項の適用は除外されていません。これは、1項ただし書が適用除外される結果として、2項が適用される場面がないことから、その適用を除外するまでもないとの考慮によるものと考えることができます。
212)　逐条解説プロバイダ責任制限法243頁以下参照。
213)　逐条解説非訟法99頁以下参照。

と、利害の対立する当事者に費用を負担させるのが合理的であるといえます。そこで、法17条は、非訟27条の適用を除外したものです[214]。

3　検察官の関与を規定する非訟40条の適用除外

　非訟事件手続への検察官の関与を規定する非訟40条は、非訟事件が一般的には公益性を有する事件であることに鑑み、公益の代表者である検察官（検察庁法4条参照）が、非訟事件の手続に関与できるようにしたものです[215]。

　もっとも、開示命令事件に関する裁判手続は、発信者を特定した後に想定される民事上の争いである損害賠償請求訴訟等の前段階の手続であり、その性質上、検察官が公益の代表者として意見を述べる等して関与する場面を想定することができない。そこで、法17条は、非訟40条の適用を除外するものです。

---

214)　逐条解説プロバイダ責任制限法244頁以下参照。
215)　逐条解説非訟法158頁。

第14節　ガイドライン関係

　プロバイダ責任制限法については、民間団体等が作成・公表している各種ガイドラインがあります（図3-14-1）。具体的には、民間事業者の団体等から構成されるプロバイダ責任制限法ガイドライン等検討協議会により、①発信者情報開示関係ガイドライン及び同別冊「発信者情報開示命令事件」に関する対応手引き、②名誉毀損・プライバシー関係ガイドライン及び同別冊「公職の候補者等に係る特例」に関する対応手引、③著作権関係ガイドライン、④商標権関係ガイドラインといった四つのガイドラインが作成・公表されています。

　また、民間事業者等から設立された団体である一般社団法人セーファーインターネット協会より、⑤権利侵害明白性ガイドライン（名誉権及び名誉感情を検討対象とするもの）が作成・公表されています[216]。

　このうち、②と⑤の関係について、⑤は②を前提としたうえで、「プロバイダにとって権利侵害が明白であると比較的容易に判断できる類型について、『権利侵害投稿等の対応に関する検討会』において議論を重ね、可能な範囲で明確化するものである。」とされています[217]。

　これらのガイドラインは、法的な拘束力を持つものではありませんが、とくに①発信者情報開示関係ガイドラインについては裁判外でのプロバイダに対する開示請求に関する書式が掲載されているなど、裁判外での開示請求の際に、参考とされるものです（図3-14-1）。

---

216)　いずれのガイドラインも、〈https://www.telesa.or.jp/consortium/provider〉より取得することができます。
217)　「権利侵害明白性ガイドライン」（2021年4月）2頁。

【図 3-14-1：プロバイダ責任制限法関係ガイドライン一覧】

	ガイドライン名	作成・公表
①	発信者情報開示関係ガイドライン（別冊含む）	プロバイダ責任制限法ガイドライン等検討協議会
②	名誉毀損・プライバシー関係ガイドライン（別冊含む）	
③	著作権関係ガイドライン	
④	商標権関係ガイドライン	
⑤	権利侵害明白性ガイドライン	一般社団法人セーファーインターネット協会

【コラム 7：侮辱罪の法定刑の引上げ】

　従来、侮辱罪の法定刑は「拘留（1 日以上 30 日未満）又は科料（1000 円以上 1 万円未満）」とされていました（刑法 231 条、16 条及び 17 条）。

　近年におけるインターネット上での誹謗中傷を背景として、令和 4 年の第 208 回国会において、侮辱罪の法定刑の在り方について検討が重ねられ、その法定刑が引き上げられました。具体的には、「拘留又は科料」に加えて、「1 年以下の懲役若しくは禁錮若しくは 30 万円以下の罰金」が追加されました（創設された拘禁刑は未施行）。

　もっとも、こうした法定刑の引上げについては、表現の自由に対する萎縮効果をもたらすといった批判（日本弁護士連合会「侮辱罪の法定刑の引上げに関する意見書」（2022 年 3 月 17 日））などがあったことを踏まえて、施行後（2022 年 7 月施行）3 年を経過したときは、「インターネット上の誹謗中傷に適切に対処することができているかどうか、表現の自由その他の自由に対する不当な制約になっていないかどうか等の観点から外部有識者を交えて検証を行い、その結果に基づいて必要な措置を講ずるものとする」（刑法等の一部を改正する法律（令和 4 年法律第 67 号）改正附則 3 項）とされました。

第4章

発信者情報開示請
求における実務上
の流れ

第 1 節　はじめに

1　総　論

発信者情報開示請求権を裁判上行使する方法としては、主に次の方法が考えられます。

(1)　令和 3 年改正前の法の下における行使方法

令和 3 年改正前の法の下における行使方法としては、仮処分手続と訴訟手続を利用した、①IP アドレスルート（多層構造のケースを含む。）及び②電話番号ルートが考えられます。

(2)　令和 3 年改正により創設された非訟手続を利用した行使方法

令和 3 年改正により創設された非訟手続を利用した行使方法として、同様に、①IP アドレスルート（多層構造のケースを含む。）及び②電話番号ルートが考えられます。

(3)　令和 3 年改正後の法の下における行使方法

令和 3 年改正により創設された非訟手続は、訴訟手続等に加えて、創設されたものであることから、事案に応じて、これらの手続を適宜利用していくことが考えられます。

2　裁判手続における行使方法

以下では、裁判手続におけるそれぞれの具体的な行使方法について解説を行います（図 4-1-1）。

【図 4-1-1：裁判手続における行使方法】

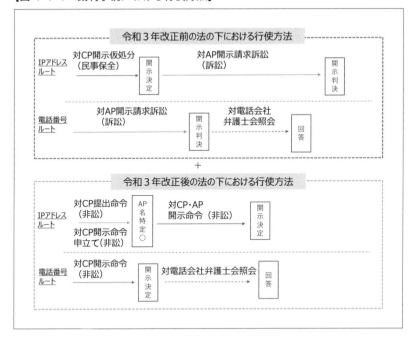

第2節　令和3年改正前の法の下での行使方法（仮処分手続及び訴訟手続の利用）

1　「IPアドレス」に着目した発信者の特定方法

(1)　IPアドレスルート

　IPアドレス及びタイムスタンプに着目した発信者の特定方法としては、次のような方法が考えられます（以下「IPアドレスルート」といいます[1]。図4-2-1）。発信者情報開示制度は、インターネット上の投稿に関する通信過程に着目した制度であることから、IPアドレスルートが基本的な特定方法であるといえます[2]。

---

①　コンテンツプロバイダに対してIPアドレス及びタイムスタンプの開示を求める旨の発信者情報開示仮処分の申立てを行い、開示の仮処分決定を取得する【第1段階】。

②　仮処分決定に基づきコンテンツプロバイダからIPアドレス及びタイムスタンプの開示を受けて、IPアドレスをもとに、Whois検索を行うことで問題となっている投稿を媒介した経由プロバイダを特定する。

③　特定をした経由プロバイダに対して発信者の氏名及び住所の開示

---

1)　本文では、侵害情報の送信に係るIPアドレス及びタイムスタンプ（総務省令2条5号及び8号）を念頭に説明をしています。これ以降も同様です。

2)　本文の例では、便宜上、投稿時IPアドレス及びタイムスタンプにより特定ができるものとして説明を行っていますが、一意に絞り込むためには、こうした2点情報に加えて接続先IPアドレスなどが求められる場合があります（神田知宏『インターネット削除請求・発信者情報開示請求の実務と書式』（日本加除出版、2021年）150頁以下）。

を求める発信者情報開示請求訴訟を提起し、請求認容判決を取得
する【第2段階】。

④　請求認容判決に基づき経由プロバイダから発信者の氏名及び住所
　　の開示を受けることで、発信者を特定する。

⑤　特定をした発信者に対して民事上の責任追及（損害賠償請求等）
　　を行う【第3段階】。

※以上のほか、必要に応じて経由プロバイダに対する消去禁止の仮処
　分を行うこととなる。

---

①　第1段階として、開示請求者は、コンテンツプロバイダに対して、
　　「IPアドレス及びタイムスタンプ」の開示を求める旨の発信者情報開
　　示仮処分の申立てを行い、認容決定を得ることで、「IPアドレス及び
　　タイムスタンプ」の開示を受けることとなります。こうしたIPアド
　　レス及びタイムスタンプから直ちに発信者の氏名及び住所等を特定す
　　ることはできないため仮処分手続によっても発信者のプライバシー等
　　を侵害する可能性が低い一方で、経由プロバイダはIPアドレス及び
　　タイムスタンプなどのアクセスログを比較的短期間しか保存していな
　　いことから、仮処分手続によることができるものと考えられていま
　　す[3]。

②　開示請求者は、コンテンツプロバイダから開示を受けたIPアドレス
　　をもとに、例えばWhois検索を行うことで問題となっている投稿を
　　媒介した経由プロバイダを特定することとなります[4]。

③　第2段階として、開示請求者は特定をした経由プロバイダに対して発
　　信者の氏名及び住所の開示を求める発信者情報開示請求訴訟を提起

3）　仮処分の実務Q6（35頁以下）。
4）　IPアドレスを起点とした発信者の詳細な特定方法については、例えば、民事保全
　の実務（上）Q78（383頁以下）、清水陽平ほか共著『ケース・スタディ ネット権利
　侵害対応の実務—発信者情報開示請求と削除請求〔改訂版〕』（新日本法規出版、2020
　年）29頁以下、八雲法律事務所編、山岡裕明ほか著『インターネット権利侵害者の
　調査マニュアル』（中央経済社、2020年）2頁以下等。

し、請求認容判決を取得することとなります[5]。

④　請求認容判決に基づき発信者の氏名及び住所の開示を受けることで、発信者を特定することとなります。

⑤　第3段階として、特定した発信者に対して、裁判外での損害賠償請求や損害賠償請求訴訟等を行うこととなります[6]。

(2)　IPアドレスルートの利点と課題

IPアドレスルートの利点としては、特定に必要なアクセスログを取得できるのであれば発信者を特定することができる点にありますが、発信者の特定にあたり複数の情報が必要となる場合があることやIPアドレス等は比較的短期間に消去されてしまうこと、同一の投稿について開示要件の判断が複数回必要となり効率的ではないなどといった課題があります[7]。また、とくに、発信者が複数のプロバイダを経由している多層構造の場合には、発信者の氏名及び住所を保有している経由プロバイダに辿り着くまでに時間がかかり、その間に、発信者情報が消去されてしまうおそれが高まるといった課題もあります。

2　多層構造のケース

(1)　MVNO／MNOのケース

IPアドレスルートでは、経由プロバイダを特定していく中で、発信者
→経由プロバイダ→コンテンツプロバイダという経路での投稿ではなく、複数の経由プロバイダを経由して投稿がなされていたことが判明することがあります（多層構造のケース）（図4-2-2）。

5）　アクセスログの保存期間や多層構造となっている可能性を考慮し、発信者情報開示請求訴訟を提起する前にアクセスログの保全要請を行います。この結果、多層構造のケースであることが判明することがあります。

6）　発信者を特定するために要した調査費用が損害に含まれるかどうか（どの程度の損害額が認められるかも含む。）については裁判例上、争いがあります。この点に関する文献として、神田・前掲注2）166頁等参照。

7）　IPアドレス等の保存期間について**第2章・第2節・9**を参照のこと。

【図4-2-1：令和3年改正前における発信者特定の一般的な流れ（IPアドレスルート）】

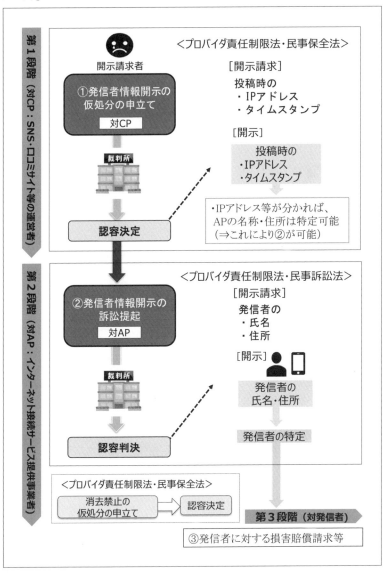

　これは、前述の IP アドレスルートにおいて、例えば、コンテンツプロバイダから発信者情報開示仮処分決定により開示された IP アドレス等をもとに経由プロバイダに発信者の氏名及び住所の開示等を求めたところ、「提供を受けた IP アドレス等に紐付く発信者の氏名及び住所は保有していない。」（＝自社は MNO である。）などという回答を得た場合等に判明するものです[8]。

　こうした場合における発信者の特定方法は、次のような方法となります。

---

①　コンテンツプロバイダに対して IP アドレス及びタイムスタンプの開示を求める旨の発信者情報開示仮処分の申立てを行い、開示の仮処分決定を取得する【第1段階】。

②　仮処分決定に基づきコンテンツプロバイダから IP アドレス及びタイムスタンプの開示を受けて、IP アドレスをもとに、Whois 検索を行うことで権利侵害投稿を媒介した経由プロバイダを特定する。

③　特定をした経由プロバイダに対して発信者の氏名及び住所の開示を求める旨の裁判外での開示請求やアクセスログの保全要請を行ったところ、「提供を受けた IP アドレス等に紐付く発信者の氏名及び住所は保有していない。」（自社は MNO である。）との回答があり、多層構造のケースであることが判明する。

④　MNO に対して MVNO の名称及び住所の開示を求める旨の発信

8）　本書では MNO／MVNO が介在している場合を前提としていますが、MVNE が介在している場合など多層構造となっている場合には様々な場合があります。なお、MVNE（Mobile Virtual Network Enabler）とは、「MVNO との契約に基づき当該 MVNO の事業の構築を支援する事業を営む者（当該事業に係る無線局を自ら開設・運用している者を除く。）」をいうとされます（総務省総合通信基盤局「MVNO に係る電気通信事業法及び電波法の適用関係に関するガイドライン」（令和3年12月最終改定）4頁）。

者情報開示の仮処分の申立てを行い、開示の仮処分決定を取得する【第2段階】。

⑤　仮処分決定に基づき開示された MVNO に対して発信者の氏名及び住所の開示を求める旨の発信者情報開示請求訴訟を提起し、請求認容判決を取得する【第3段階】。

⑥　請求認容判決に基づき経由プロバイダから発信者の氏名及び住所の開示を受けることで、発信者を特定する。

⑦　特定をした発信者に対して民事上の責任追及（損害賠償請求等）を行う【第4段階】。

※以上のほか、必要に応じて経由プロバイダに対する消去禁止の仮処分を行うこととなります。

　上記手順のうち、①及び②は、前記1の IP アドレスルートの場合と同じです。

③　例えば、特定した経由プロバイダに対して、発信者の氏名及び住所の開示を求める裁判外での開示請求やアクセスログの保全要請を行ったところ、「提供を受けた IP アドレス等に紐付く発信者の氏名及び住所は保有していない。」（＝自社は MNO[9] であるため契約者情報としての発信者の氏名及び住所は保有していない。）との回答があり、多層構造のケースであることが判明することとなります[10]。こうした場合には MNO は契約者情報としての発信者の氏名及び住所を保有しておらず、MNO から開示により取得できるのは発信者の氏名及び住所を保

9）　MNO（Mobile Network Operator）とは、「電気通信役務としての移動通信サービス（以下単に「移動通信サービス」という。）を提供する電気通信事業を営む者であって、当該移動通信サービスに係る無線局を自ら開設（開設された無線局に係る免許人等の地位の承継を含む。以下同じ。）又は運用している者」をいうとされます（総務省総合通信基盤局・前掲注8）3頁）。

10）　多層構造のケースであるかどうかは、実際に開示請求を行っていく中で判明していくこととなります。

有しているであろう MVNO[11) の名称及び住所となります。

④　第2段階として、MNO に対してその保有する MVNO の名称及び住
　所の開示を求める旨の発信者情報開示の仮処分の申立てを行い、認容
　決定を得ることで「MVNO の名称及び住所」の開示を得ることとな
　ります[12)。

⑤　第3段階として、開示請求者は開示された MVNO に対して発信者の
　氏名及び住所の開示を求める発信者情報開示請求訴訟を提起し、請求
　認容判決を取得することとなります[13)。

⑥　請求認容判決に基づき開示を受けた発信者の氏名及び住所の開示を受
　けることで、発信者を特定することとなります。

⑦　第4段階として、特定した発信者に対して、裁判外での損害賠償請求
　や損害賠償請求訴訟等を行うこととなります。

(2)　多層構造の課題

　こうした多層構造の場合には、発信者の氏名及び住所を保有している経
由プロバイダ（本書の例では MVNO）に辿り着くまでに時間がかかり、そ
の間に、発信者情報が消去されてしまうといった課題があります。そのた
め、通常のケースよりも迅速に手続を進めていく必要があります[14)。

---

11)　MVNO（Mobile Virtual Network Operator）とは、「①MNO の提供する移動通
　信サービスを利用して、又は MNO と接続して、移動通信サービスを提供する電気通
　信事業者であって、②当該移動通信サービスに係る無線局を自ら開設しておらず、か
　つ、運用をしていない者」をいうとされます（総務省総合通信基盤局・前掲注8）4
　頁）。
12)　MVNO の名称及び住所の開示を求める発信者情報開示仮処分が可能であることに
　ついて仮処分の実務 Q42（232 頁）。また、MVNO は旧総務省令の1号及び2号の
　「その他侵害情報の送信に係る者」に該当するものとして解釈されていました。令和
　4年制定の総務省令においても同様の文言が使用されていることから、2条1号及び
　2号の「その他侵害情報の送信又は侵害関連通信に係る者」に該当するものとして解
　釈して差し支えないものと考えられるのではないでしょうか。
13)　ここでは経由プロバイダが二者介在している場合を前提としていますが、さらに
　多層構造となっている場合もあります。
14)　提供命令を用いることで、より迅速に手続を進めていくことのできる場合がある
　ものと考えられます（**本章・第3節・1・(3)**を参照のこと）。

【図 4-2-2：令和 3 年改正前における発信者特定の一般的な流れ（多層構造の
ケース）】

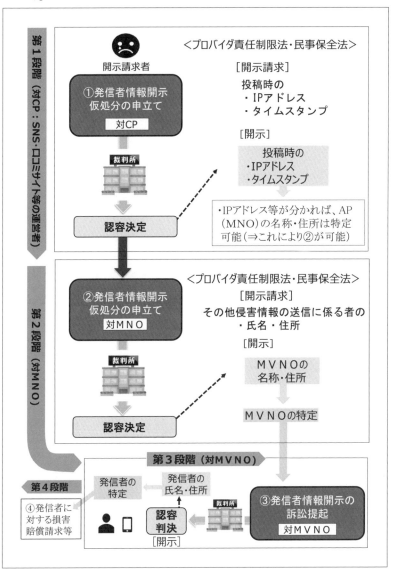

3 「電話番号」に着目した発信者の特定方法

(1)　電話番号ルート

　前記1のIPアドレスルートに加えて、「発信者その他侵害情報の送信又は侵害関連通信に係る者の電話番号」（総務省令2条3号）に着目した発信者の特定方法として、次のような方法が考えられます（以下「電話番号ルート」といいます。**図4-2-3**)[15]。

---

① コンテンツプロバイダに対して、「電話番号」の開示を求める旨の発信者情報開示請求訴訟を提起し、認容判決を取得する【第1段階】。

② 電話会社に対して、弁護士会照会（弁護士法23条の2）を利用して、コンテンツプロバイダから開示された「電話番号」に対応する契約者の氏名及び住所の回答を求め、これにより発信者を特定する【第2段階】。

③ 特定した発信者に対して損害賠償請求等を行う【第3段階】。

---

① 第1段階として、開示請求者は、コンテンツプロバイダに対して「電話番号」の開示を求める旨の発信者情報開示請求訴訟を起こし、認容判決を得ることで、「電話番号」の開示を受けることとなります[16]。「IPアドレスルート」の場合には、仮処分手続によることが可能ですが、「電話番号」は必ずしも時の経過とともに消去されるものではないことから、一般的に、保全の必要性（民保23条）を充足しないものと考えることができ、開示を求める手続は、仮処分手続ではなく、訴

---

15)　総務省発信者情報開示の在り方に関する研究会「中間とりまとめ」（2020年8月）を踏まえて、令和2年8月に「発信者の電話番号」が発信者情報に追加されました。これにより、電話番号に着目した発信者の特定が可能となりました。

訟手続によることになるものと考えられます[17]。

② 第2段階として、開示を受けた「電話番号」に対して、直接架電をすることで発信者の氏名及び住所を聴取することも考えられますが、こうした聴取が奏功しない場合も想定されます。そこで、弁護士会照会（弁護士法23条の2）を用いて、電話会社に対して、当該電話番号を契約している者の氏名及び住所の回答を求め、これにより発信者を特定することが考えられます[18]。

③ 第3段階として、特定した発信者に対して、裁判外での損害賠償請求や損害賠償請求訴訟等を行うこととなります。

(2)　電話番号ルートの利点と課題

　電話番号ルートの利点としては、IPアドレスルートとは異なり、契約者情報である「電話番号」は通常短期間で消去されないことから、時の経過によりIPアドレス等が消去されている可能性が高い場合にも有用であるほか、コンテンツプロバイダ以降に登場する経由プロバイダに対する開示請求訴訟等を行う必要がないことからIPアドレスルートと比較すると多層的なものとならないことが挙げられます。

　他方で、コンテンツプロバイダは必ずしも電話番号を保有しているとは限らないため電話番号ルートが有用でない場合がある[19]ほか、発信者が

---

16) 携帯電話については、携帯電話不正利用防止法（正式名称は「携帯音声通信事業者による契約者等の本人確認等及び携帯音声通信役務の不正な利用の防止に関する法律」（平成17年法律第31号）が、その3条以下において、携帯音声通信事業者等に対して、契約締結時及び譲渡時の本人確認を義務付けています。この本人確認の方法については、同法の施行規則において詳細な確認を行うこととされています。そのため、このような本人確認を経て保有されている氏名及び住所等の契約者情報は信頼性の高いものであるといえます。

17) 「電話番号」の開示を求める手続について本案訴訟によるものとした文献として、例えば中澤祐一『インターネットにおける誹謗中傷法的対策マニュアル〔第4版〕』（中央経済社、2022年）。

18) 電話番号と弁護士会照会については**本章・第3節・3・(3)**を参照のこと。

19) コンテンツプロバイダが「電話番号」を取得しているかを調べる方法としては、問題となっているサービスに自ら新規登録をすることで電話番号を取得しているかを調べることが考えられます。もっとも、調査時点において電話番号を取得している場合であっても、以前は「電話番号」を取得していなかったものの、ある時から「電話番号」を取得するようになった場合があり得ることに留意が必要です。

電話に応答せず、かつ、電話会社が弁護士会照会への回答を拒絶した場合には、その応答や回答を強制することができないことから、発信者の氏名及び住所を知ることができない結果となってしまう、という課題があります。

　このほか、通常「電話番号」の開示請求は訴訟手続によることとなるため、訴状の「送達」を実施しなければならないこととなります（民訴 138 条 1 項）。そして、問題となるコンテンツプロバイダの多くが外国法人であるという現状の下では、海外送達に時間がかかるという課題もあります[20]。

---

[20]　開示命令手続による場合、申立書の写しを相手方に送付しなければならない、とされています（法 11 条 1 項）。そのため、必ずしも送達による必要がないことから、海外送達に時間がかかるという課題がクリアーできる場合が考えられます（開示命令の申立書の写しの送付については**第 3 章・第 5 節・1 を参照のこと。**）。なお、外国会社の登記義務の履行が進みつつあることから、こうした課題は緩和されているともいえます（本書コラム 3）。

【図4-2-3：令和3年改正前における発信者特定の一般的な流れ（電話番号ルート）】

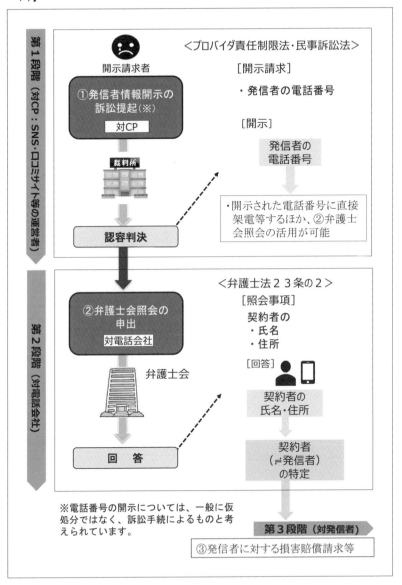

第3節　令和3年改正により創設された新たな裁判手続（非訟手続）を利用した行使方法

1　「IPアドレス」に着目した発信者の特定方法

(1)　開示命令手続におけるIPアドレスルート

　令和3年改正により創設された開示命令手続の下においても、侵害情報の送信に係るIPアドレス及びタイムスタンプ（総務省令2条5号及び8号）に着目した発信者の特定方法として、次のような方法が考えられます（図4-3-1）。これは、提供命令を用いることで、一体的な裁判を実現しようとするものです。

---

①　開示請求者は、コンテンツプロバイダを相手方として、IPアドレス及びタイムスタンプの開示を求める旨の開示命令の申立て及び提供命令の申立てを行い、裁判所はコンテンツプロプロバイダに対して、提供命令を発令する。

②　提供命令（第1号命令）に従い、コンテンツプロバイダは保有するIPアドレス等をもとに経由プロバイダの氏名等情報の特定を行う。

③　特定の結果に従い、コンテンツプロバイダは、開示請求者に対し、経由プロバイダの氏名等情報（明らかにならなかった場合にはその旨）を提供する。

④　開示請求者は、コンテンツプロバイダから氏名等情報を提供された経由プロバイダを相手方として、コンテンツプロバイダに対する開示命令の申立てが係属している地方裁判所に対して、発信者

の氏名及び住所等の開示を求める旨の開示命令の申立てを行う。

⑤　開示請求者は、コンテンツプロバイダに対して、氏名等情報の提供された経由プロバイダを相手方とする開示命令の申立てを行った旨の書面又は電磁的方法による通知を行う。

⑥　提供命令（第2号命令）に従い、コンテンツプロバイダは、経由プロバイダに対して、保有するIPアドレス等を提供する。

⑦　経由プロバイダは、⑥で提供されたIPアドレス等をもとに発信者の氏名及び住所を特定する。

⑧　開示請求者は、経由プロバイダに対して、発信者情報の消去禁止命令の申立てを行い、裁判所は、経由プロバイダに対して、消去禁止命令を発令する。

⑨　裁判所はコンテンツプロバイダと経由プロバイダに対する開示命令の申立てを併合した上で審理を行い、開示請求者は認容決定を取得する。

⑩　開示請求者は、認容決定に基づき経由プロバイダから発信者の氏名及び住所の開示を受けることで、発信者を特定する。

⑪　開示請求者は、特定をした発信者に対して民事上の責任追及（損害賠償請求等）を行う。

①　開示請求者は、コンテンツプロバイダに対して、「IPアドレス及びタイムスタンプ」の開示を求める旨の開示命令の申立て及び提供命令の申立てを行うこととなり、裁判所は速やかに提供命令（保有する発信者情報をもとに特定される他の開示関係役務提供者の氏名等情報を提供すること等）を発令します[21]。なお、提供命令の申立てについては、本

　　案係属要件が要件の一つとなりますので、提供命令単独で申し立てる
　　ことはできません（法15条1項柱書）。

② 提供命令（第1号命令）に従い、コンテンツプロバイダは保有するIP
　　アドレス等をもとに経由プロバイダの氏名又は名称及び住所（以下
　　「氏名等情報」といいます。）の特定を行うこととなります。この際、特
　　定に使用することのできる発信者情報は、保有している発信者情報の
　　全てではなく、「開示関係役務提供者がその保有する発信者情報（当
　　該発信者情報開示命令の申立てに係るものに限る。……）」として、
　　本案である開示命令の申立てにおいて請求されているものに限られる
　　こととなります（法15条1項1号イ括弧書）。また、ここでいう「特
　　定」とは、開示関係役務提供者において、例えばIPアドレスをもと
　　にしてそれに紐付くプロバイダを特定するために一般的に用いられる
　　技術的な方法を用いることにより特定することができる場合をいうと
　　考えることができます[22]。

③ 特定の結果に従い、コンテンツプロバイダは、開示請求者に対し、経
　　由プロバイダの氏名等情報（明らかにならなかった場合にはその旨）を
　　提供します。これにより、開示命令申立ての判断を待たずに、経由プ
　　ロバイダの氏名等情報を知ることが可能となり、経由プロバイダの保
　　有する発信者情報の保全措置をとることで、経由プロバイダの保有す
　　るアクセスログ等が消えてしまうといった課題に対応することができ
　　るようになります[23]。

④ 開示請求者は、コンテンツプロバイダからその氏名等情報を提供され
　　た経由プロバイダを相手方として、発信者の氏名及び住所等を求める
　　旨の開示命令の申立てを行います。この際、一体的な裁判を実現する
　　ための提供命令を利用した場合における専属管轄の規律が及ぶことか
　　ら、コンテンツプロバイダに対する開示命令の申立てが係属している

---

21)　必要に応じてコンテンツプロバイダに対する消去禁止命令の申立てを行うことも
　　できます（法16条1項）。
22)　逐条解説プロバイダ責任制限法220頁以下。
23)　仮に他の開示関係役務提供者である経由プロバイダの特定ができなかった場合に
　　は、他の方法を検討することとなります。

地方裁判所の専属管轄となります（法10条7項）。

⑤　開示請求者は、提供命令（第2号命令）の条件を充足させるために、コンテンツプロバイダに対して、氏名等情報の提供された経由プロバイダを相手方とする開示命令の申立てを行った旨の書面又は電磁的方法による通知を行うこととなります[24]。なお、コンテンツプロバイダから経由プロバイダの氏名等情報の提供を受けた開示請求者が、その提供を受けた日から2か月以内に、コンテンツプロバイダに対して、経由プロバイダに対する開示命令の申立てをした旨の当該通知をしなかったときは、提供命令はその効力を失うこととなります（法15条3項2号）。

⑥　提供命令（第2号命令）に従い、コンテンツプロバイダは、経由プロバイダに対して、保有するIPアドレス等を提供します。この第2号命令に基づき提供される発信者情報は、コンテンツプロバイダが保有している発信者情報であって、本案である開示命令の申立てにおいて請求されているものに限られます[25]。

⑦　経由プロバイダは、⑥で提供されたIPアドレス等をもとに発信者の氏名及び住所を特定することとなります。

⑧　開示請求者は、経由プロバイダに対して、発信者情報の消去禁止命令の申立てを行い、裁判所は経由プロバイダに対して消去禁止命令を発令します。この申立ては、④の段階で申し立てることも可能ですが、その段階では、複数の経由プロバイダを経由している多層構造（例えば、経由プロバイダがMNOであって発信者の氏名等を有していない場合）の可能性もあることから、⑧の段階で行うことが考えられます。なお、裁判外での保全要請に応じている場合であれば、消去禁止命令の申立てを行う必要はありません。

⑨　このようにして、同一の裁判所に、コンテンツプロバイダに対する開示命令の申立てと経由プロバイダに対する申立てとが係属すること

---

[24]　通知の書式例についてはプロバイダ責任制限法ガイドライン等検討協議会「プロバイダ責任制限法　発信者情報開示関係ガイドライン別冊『発信者情報開示命令事件』に関する対応手引き」を参照のこと。

[25]　逐条解説プロバイダ責任制限法224頁。

なります。裁判所は、一体的な裁判を実現するため、各申立てを併合
した上で審理を行い、開示請求者は認容決定を取得することが考えら
れます（非訟35条1項）。この場合における各申立てにおける開示請
求権は当事者を異にする別個の請求権であることから単純併合の関係
にあるものと考えられます[26]。

　　決定に不服がある場合には、当該決定の告知を受けた日から1月の
不変期間内に、異議の訴えを提起することとなります（法14条1項）。

⑩　開示請求者は、認容決定に基づき、コンテンツプロバイダからはIP
アドレス等の開示を、経由プロバイダからは発信者の氏名等の開示
を、それぞれ受けることとなります。これにより、発信者を特定する
こととなります。

⑪　特定した発信者に対して、裁判外での損害賠償請求や損害賠償請求訴
訟等を行うこととなります。

(2)　開示命令手続におけるIPアドレスルートの利点と課題

　開示命令手続におけるIPアドレスルートの利点としては、提供命令が
奏功すれば迅速に、かつ、開示要件の判断を重複して行うことなく、一体
的な裁判を実現することができることが挙げられます[27]。とくに多層構造
である場合には、こうした利点が活きてくることが想定されます。

　他方で、提供命令が奏功しない場合には、他の特定方法を検討する必要
があるという課題があります。

(3)　設問を用いた開示命令手続におけるIPアドレスルートの確認

　上記(1)の開示命令手続におけるIPアドレスルートを事例に基づいて確
認をすると、次のとおりです。

事例：東京都千代田区に所在するSNS事業者であるY1社が提供す

---

26)　「併合前に各非訟事件の手続でされた事実の調査および証拠調べの結果は、当然に
　併合後の裁判資料となる」とされています（逐条解説非訟法140頁）。
27)　そのほか、各命令の発令にあたり立担保が不要となるなどの費用面からみて利点
　もあります。

【図4-3-1：開示命令手続を利用した発信者特定の一般的な流れ（IPアドレスルート）】

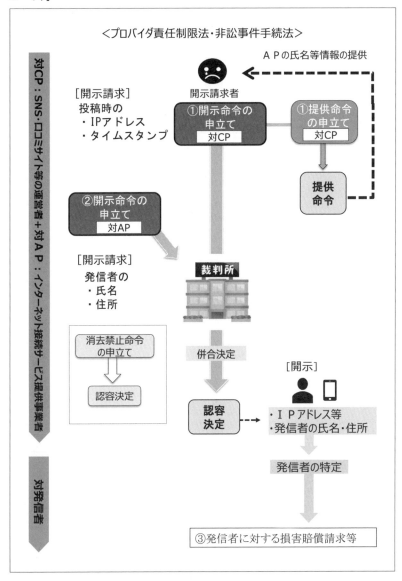

るSNSサービスにおいて、Xの名誉を毀損する投稿がなされてい
たことから、Xは発信者に対する損害賠償請求権を行使する目的
で、発信者情報の開示請求に関する裁判手続を利用する場合。

①　Xは、SNS事業者であるY1を相手方として、東京地方裁判所に対し
　　て、IPアドレス及びタイムスタンプの開示を求める旨の開示命令の
　　申立てを行うとともに、Y1がXに対して保有する発信者情報をもと
　　に特定される他の開示関係役務提供者の氏名等情報を提供すること等
　　を命じることを求める旨の提供命令の申立てを行います（法10条1項
　　3号イ、9条及び15条1項）。

②　裁判所は、開示命令に先行して、提供命令について審理を行い、Y1
　　に対して、上記提供命令を発令します。

③　この提供命令（第1号命令）に従い、Y1は保有するIPアドレスに基
　　づき経由プロバイダの氏名等情報の特定を行います。

④　この特定の結果に従い、Y1は、Xに対して、特定したY2の氏名等
　　情報（大阪府大阪市に所在）を提供することとなります。他方で、Y2
　　の氏名等情報が特定できなかった場合等にはその旨を提供すること
　　となります（法15条1項1号、総務省令6条1項）。Y1による提供方法
　　としては、書面又は電磁的方法によることとなります（後者の方法と
　　しては、電子メールなどがあります。）。

⑤　こうしたY1からのY2の氏名等情報の提供により、Y1に対する開
　　示命令の申立ての判断を待たずに、Y2の氏名等情報を知ることがで
　　きることから、Xとしては、Y2を相手方として、発信者の氏名及び
　　住所等を求める開示命令の申立てを行うこととなります。このとき
　　Y2に対する開示命令の申立ては、提供命令を利用した場合における
　　専属管轄の規律により、大阪地方裁判所ではなく、Y1に対する開示
　　命令事件の係属する裁判所である東京地方裁判所の管轄に専属するこ
　　ととなります（法10条7項）。これによりY2に対する開示命令事件
　　についても事件番号が付番されることとなります。

⑥　Xは、Y1に対して、Y2を相手方として、開示命令の申立てを行っ
　　た旨の書面又は電磁的方法による通知（Y1に対する開示命令事件の事

件番号等も併せて通知）を行うこととなります。なお、この通知は提供命令の効力が失効する前に行う必要があります（法15条3項2号）。

⑦　こうしたXによる通知により、提供命令（第2号命令）に基づき、Y1は、Y2に対して、本案である開示命令の申立てにおいて請求されているIPアドレス及びタイムスタンプを書面又は電磁的方法により提供することとなります（法15条1項2号、総務省令6条2項）。

⑧　Y2は、Y1から提供されたIPアドレス等をもとに、発信者の氏名及び住所を特定することとなります（こうしたY2における特定は、Y1からIPアドレス等が提供されてはじめて可能となります。）。

⑨　Xとしては、Y2を相手方として、東京地方裁判所に、発信者の氏名及び住所について消去禁止命令の申立てを行い、裁判所が消去禁止命令を発令することで発信者の氏名等が保全されます（法16条1項）。なお、Y2が保全要請に応じているときには消去禁止命令の申立ては不要となります[28]。

⑩　以上のようにして、⑤における専属管轄の規律の下、Y1とY2に対する開示命令事件が東京地方裁判所に係属するところ、裁判所は適宜のタイミングで両事件を併合することが考えられます（非訟35条1項）。これにより、同一の裁判所において開示要件の判断を一体的に行うことが可能となり、同一の機会にY1とY2に対する開示判断を行うことができることとなります。

2　多層構造のケース

(1)　MVNO／MNOのケース

前述（**本章・第2節・2・(1)**）のように、IPアドレスルートでは、経由プロバイダを特定していく中で、発信者→経由プロバイダ→コンテンツプロバイダという経路での投稿ではなく、複数の経由プロバイダを経由して

---

28)　なお、この時点で消去禁止命令の申立てを行うことについて**本節・1・(1)**を参照のこと。

投稿がなされていたことが判明することがあります（多層構造のケース）。

　これを開示命令手続に当てはめれば、例えば、提供命令（第1号命令）に従いコンテンツプロバイダから他の開示関係役務提供者の氏名等情報として提供された経由プロバイダに対して、発信者の氏名及び住所等の開示を求める旨の開示命令の申立てを行ったところ、当該経由プロバイダから、（コンテンツプロバイダから）「提供を受けたIPアドレス等に紐付く発信者の氏名及び住所は保有していない。」（＝自社はMNOである。）などという回答を得た場合に判明するものと想定されます。

　こうした場合における発信者の特定方法としては、次のような方法が考えられます（図4-3-2）。

---

①　開示請求者は、コンテンツプロバイダを相手方として、IPアドレス及びタイムスタンプの開示を求める旨の開示命令の申立て及び提供命令の申立てを行い、裁判所はコンテンツプロプロバイダに対して、提供命令を発令する。

②　提供命令（第1号命令）に従い、コンテンツプロバイダは保有するIPアドレス等をもとに経由プロバイダの氏名等情報の特定を行う。

③　特定の結果に従い、コンテンツプロバイダは、開示請求者に対し、経由プロバイダの氏名等情報（明らかにならなかった場合にはその旨）を提供する。

④　開示請求者は、コンテンツプロバイダから氏名等情報を提供された経由プロバイダを相手方として、コンテンツプロバイダに対する開示命令の申立てが係属している地方裁判所に対して、発信者の氏名及び住所等の開示を求める旨の開示命令の申立てを行う。

⑤　開示請求者は、コンテンツプロバイダに対して、氏名等情報の提供された経由プロバイダを相手方とする開示命令の申立てを行っ

た旨の書面又は電磁的方法による通知を行う。

⑥　提供命令（第2号命令）に従い、コンテンツプロバイダは、経由プロバイダに対して、保有するIPアドレス等を提供する。

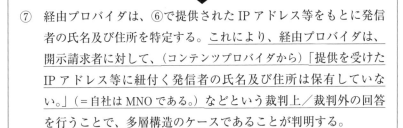

⑦　経由プロバイダは、⑥で提供されたIPアドレス等をもとに発信者の氏名及び住所を特定する。これにより、経由プロバイダは、開示請求者に対して、（コンテンツプロバイダから）「提供を受けたIPアドレス等に紐付く発信者の氏名及び住所は保有していない。」（＝自社はMNOである。）などという裁判上／裁判外の回答を行うことで、多層構造のケースであることが判明する。

⑧　開示請求者は、MNOに対する開示命令の申立てにおける申立ての趣旨を変更する（＝利用管理符号やIPアドレス等の開示を求めることが想定されます。）とともに、MNOに対する提供命令の申立てを行い、裁判所はMNOに対する提供命令を発令する。

⑨　提供命令（第1号命令）に従い、MNOは保有する利用管理符号等をもとにMVNOの氏名等情報の特定を行い、これを開示請求者に対して提供する。

⑩　開示請求者は、MNOから氏名等情報を提供されたMVNOを相手方として、コンテンツプロバイダに対する開示命令の申立てが係属している地方裁判所に対して、発信者の氏名及び住所等の開示を求める旨の開示命令の申立てを行う。

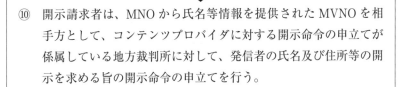

⑪　開示請求者は、MNOに対して、氏名等情報の提供されたMVNOを相手方とする開示命令の申立てを行った旨の書面又は電磁的方法による通知を行う。

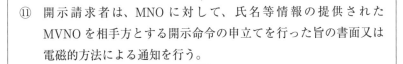

⑫　提供命令（第2号命令）に従い、MNOは、MVNOに対して、保

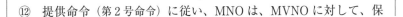

有する利用管理符号等を提供する。

⑬　MVNO は、⑫で提供された利用管理符号等をもとに発信者の氏名及び住所を特定する。

⑭　裁判所は各開示命令事件を併合した上で審理を行い、開示請求者は認容決定を取得する。

⑮　開示請求者は、認容決定に基づき経由プロバイダから発信者の氏名及び住所の開示を受けることで、発信者を特定する。

⑯　開示請求者は、特定をした発信者に対して民事上の責任追及（損害賠償請求等）を行う。

※下線部分が多層構造であることが判明する時点を示しています。

※※このほか、必要に応じて、消去禁止命令の申立てを行う。

　上記手順のうち、①から⑥までは、開示命令手続における IP アドレスルートにおけるのと同様です。

⑦　提供命令（第2号命令）に従い、コンテンツプロバイダから提供された IP アドレス等をもとに、経由プロバイダが発信者の氏名及び住所の特定を行ったところ、発信者の氏名及び住所を保有していないことが判明することがあります。すなわち、開示請求者に対して、「提供を受けた IP アドレス等に紐付く発信者の氏名及び住所は保有していない。」（＝自社は MNO である。）などという裁判上／裁判外の回答が行われることが想定されます。このような場合、MNO は契約者情報としての発信者の氏名及び住所を保有しておらず、Y2 から開示により取得できるのは発信者の氏名及び住所を保有しているであろう MVNO の名称及び住所となります。

⑧　開示請求者は、MNO に対する開示命令の申立てにおける申立ての趣旨を変更する（＝利用管理符号や IP アドレス等の開示を求める。）とともに、MNO に対する提供命令の申立てを行い、裁判所は MNO に対

する提供命令を発令することとなります[29]。

　　ここで、申立ての趣旨を変更するのは、提供命令において他の開示関係役務提供者を特定するために使用することのできる発信者情報及び特定をした他の開示関係役務提供者に提供すること[30]のできる発信者情報が本案たる開示命令の申立てにおいて請求されているものに限られていることに配慮するものです[31]。具体的に開示を求める発信者情報としては、経由プロバイダ間で契約者の特定に用いられている利用管理符号（総務省令2条14号）が考えられます[32]。

⑨　提供命令（第1号命令）に従い、MNOは保有する利用管理符号やIPアドレス等をもとにMVNOの氏名等情報の特定を行い、これを開示請求者に対して提供することとなります[33]。

⑩　開示請求者は、MNOから氏名等情報を提供されたMVNOを相手方として、発信者の氏名及び住所等の開示を求める旨の開示命令の申立てを行うこととなります。この際、一体的な裁判を実現するための提供命令を利用した場合における専属管轄の規律が及ぶことから、コンテンツプロバイダに対する開示命令の申立てが係属している地方裁判所の専属管轄となります（法10条7項）。

⑪　開示請求者は、提供命令（第2号命令）の条件を充足させるために、

---

29)　MNOに対する提供命令については、「（イに掲げる場合に該当すると認めるときは、イに定める事項）」（法15条1項1号柱書の括弧書）に該当するものとして、法15条1項1号のイとロに定める事項のうち、イに定める事項（他の開示関係役務提供者の氏名等情報を提供すること）のみの提供を命じることができる場合も考えられます（**第3章・第9節・3・⑵**を参照のこと。）

30)　多層構造の場合における専属管轄については**第3章・第3節・3・⑵・(e)**を参照のこと。

31)　他の開示関係役務提供者を特定するために使用することのできる発信者情報の範囲については**第3章・第9節・3・⑵・(c)**、特定をした他の開示関係役務提供者に提供することのできる発信者情報の範囲については**第3章・第9節・3・⑶・(d)**を、それぞれ参照のこと。

32)　今後の運用に応じて適宜求める発信者情報が変わっていくことも想定されます。なお、利用管理符号の詳細については、逐条解説プロバイダ責任制限法319頁、山根祐輔「『特定電気通信役務提供者の損害賠償責任の制限及び発信者情報の開示に関する法律施行規則』の解説」NBL1220号（2022年）4頁を参照のこと。

33)　ここで、さらに経由プロバイダが介在している場合もありますが、この場合であっても、同様に、提供命令を利用していくことで、発信者の氏名及び住所等を保有する経由プロバイダを特定していくこととなります。

　　MNO に対して、氏名等情報の提供された MVNO を相手方とする開示命令の申立てを行った旨の書面又は電磁的方法による通知を行うこととなります。なお、MNO から MVNO の氏名等情報の提供を受けた開示請求者が、その提供を受けた日から 2 か月以内に、MNO に対して、MVNO に対する開示命令の申立てをした旨の当該通知をしなかったときは、提供命令はその効力を失うこととなります（法 15 条 3 項 2 号）。

⑫　提供命令（第 2 号命令）に従い、MNO は、MVNO に対して、利用管理符号や IP アドレス等を提供します。この第 2 号命令に基づき提供される発信者情報は、MNO が保有している発信者情報であって、本案である開示命令の申立てにおいて請求されているものとなります。

⑬　MVNO は、⑫で提供された利用管理符号等をもとに発信者の氏名及び住所を特定することとなります。

⑭　このようにして、同一の裁判所に、各開示命令事件が係属することとなります。裁判所は、一体的な裁判を実現するため、各事件を併合した上で審理を行い、開示請求者は認容決定を取得することが考えられます（非訟 35 条 1 項）[34]。なお、決定に不服がある場合には、当該決定の告知を受けた日から 1 月の不変期間内に、異議の訴えを提起することとなります（法 14 条 1 項）。

⑮　開示請求者は、認容決定に基づき、コンテンツプロバイダ及び MNO からは IP アドレス等の開示を、MVNO からは発信者の氏名等の開示を、それぞれ受けることとなります。これにより、発信者を特定することとなります。

⑯　開示請求者は、特定をした発信者に対して、裁判外での損害賠償請求や損害賠償請求訴訟等を行うこととなります。

⑵　多層構造の場合における開示命令手続の利点

　前述の**第 2 節 2**では、裁判外での開示がなされない限り、MVNO の名

34）　併合決定については裁判所が適切と考える時期に行われるため、必ずしも⑭の段階でなされるものではありません。

【図4-3-2：開示命令手続を利用した発信者特定の一般的な流れ（多層構造のケース）】

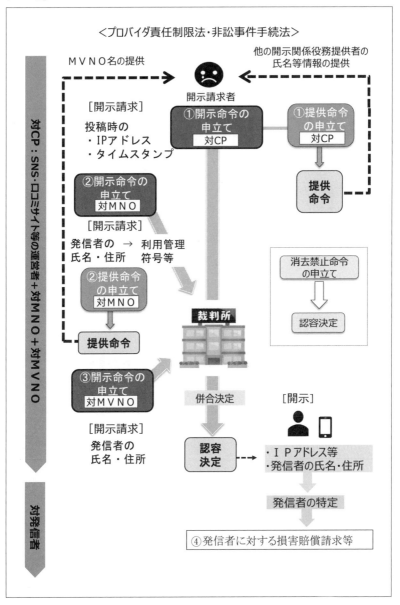

称等が仮処分手続により開示されるため、権利侵害の明白性等の開示要件を満たす必要があります。他方、提供命令は、保全の必要性等仮処分手続よりも緩やかな要件で発令されることが考えられることから、より迅速性のある手続であるといえます[35]。

3　「電話番号」に着目した発信者の特定方法

(1)　開示命令手続における電話番号ルート

　令和3年改正により創設された開示命令手続の下においても、「発信者その他侵害情報の送信又は侵害関連通信に係る者の電話番号」（総務省令2条3号）に着目した発信者の特定方法として、次のような方法が考えられます（図4-3-3）。これは、前記第2節3における訴訟手続が開示命令手続に入れ替わるのみであり、その他の点は同様です。

---

①　コンテンツプロバイダに対して、「電話番号」の開示を求める旨の開示命令の申立てを行い、認容決定を取得する【第1段階】

②　電話会社に対して、弁護士会照会（弁護士法23条の2）を利用して、コンテンツプロバイダから開示された「電話番号」に対応する契約者の氏名及び住所の回答を求め、これにより発信者を特定する【第2段階】

③　特定した発信者に対して損害賠償請求等を行う【第3段階】
※下線部分が前記本章・第2節・3・(1)におけるのと異なる点となります。

---

①　第1段階として、開示請求者は、コンテンツプロバイダに対して「電話番号」の開示を求める旨の開示命令を申し立て、認容決定を得るこ

---

35)　このほか、提供命令では立担保は求められておりません。

とで、「電話番号」の開示を受けることとなります。

② 第2段階として、開示を受けた「電話番号」に対して、直接架電をすることで発信者の氏名及び住所を聴取することも考えられますが、こうした聴取が奏功しない場合も想定されます。そこで、弁護士会照会（弁護士法23条の2）を用いて、電話会社に対して、当該電話番号を契約している者の氏名及び住所の回答を求め、これにより発信者を特定することが考えられます。

③ 第3段階として、特定した発信者に対して、裁判外での損害賠償請求や損害賠償請求訴訟等を行うこととなります。

(2)　開示命令手続における電話番号ルートの利点と課題

　開示命令手続における電話番号ルートの利点としては、**第2節3**で述べたように、契約者情報である「電話番号」は通常短期間で消去されないことから、時の経過によりIPアドレス等が消去されている可能性が高い場合にも有用であるほか、コンテンツプロバイダ以降に登場する経由プロバイダに対する開示請求訴訟等を行う必要がないことからIPアドレスルートと比較すると多層的なものとならないことが挙げられます。

　他方で、コンテンツプロバイダは必ずしも電話番号を保有しているとは限らないため電話番号ルートが有用でない場合がある[36]ほか、発信者が電話に応答せず、かつ、電話会社が弁護士会照会への回答を拒絶した場合には、その応答や回答を強制することができないことから、発信者の氏名及び住所を知ることができない結果となってしまう、という課題も前記**第2節3**と同様です。

　もっとも、前述の訴訟手続を用いた電話番号ルートでは、訴状の「送達」を実施しなければならないところ（民訴138条1項）、問題となるコンテンツプロバイダの多くが外国会社であるという現状の下では、海外送達に時間がかかるという課題がありました。開示命令手続による場合には、申立書の写しを相手方に送付しなければならないとされている（法11条1項）ため、必ずしも送達による必要がないことから、海外送達に時間がか

---

36)　前掲注19）参照。

【図4-3-3：開示命令手続を利用した発信者特定の一般的な流れ（電話番号ルート）】

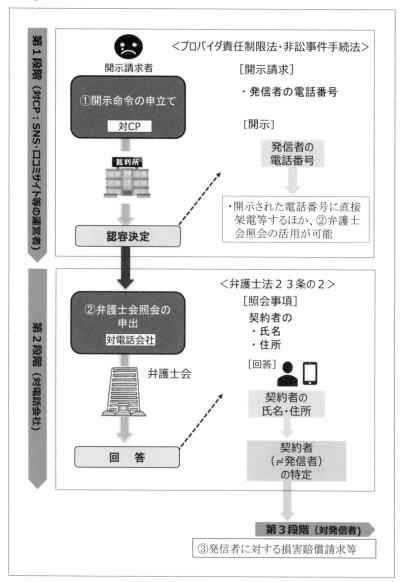

かるという課題がクリアーできる場合が考えられます[37)38)]。

　これらの点からすると、令和3年改正後の法の下において「電話番号」の開示を請求する場合には、訴訟手続ではなく、開示命令手続を選択するのが一般的になるものと考えられます。

(3)　電話番号と弁護士会照会

　電話番号ルートでは、弁護士会照会を用いることが前提となっています。弁護士会照会とは、弁護士が、その所属する弁護士会を通じて、受任している事件について、公私の団体（行政機関や企業）に照会して必要な事項の報告を求めることができる制度です（弁護士法23条の2）。そのため、開示請求を弁護士に依頼していない場合にはこの制度を用いることができないこととなります。

　弁護士会照会にあたっては、照会先となる電話会社を調べる必要があります。その方法として、例えば、開示された携帯電話番号と当該番号の指定先携帯電話会社は、総務省HP内の「電気通信番号指定状況」で調査することができます。もっとも、平成18年10月から携帯電話番号ポータビリティ（使用している電話番号を変更することなく、そのまま携帯電話会社を変更できること）が開始されたため、上記指定状況を調べても、その電話会社が当該番号を使用している契約者の情報を保有しているとは限りません。そこで、こうした場合に備えて、弁護士会照会において番号転出をしているときの携帯電話会社名の照会を併せて行うなどの工夫が必要となります[39)]。

　このようにして特定をした電話会社に対して弁護士会照会を行った場合、電話会社からすると、照会に回答してよいのかが問題となります。この点に関しては、「電気通信事業における個人情報保護に関するガイドライン」[40)]の17条1項が「電気通信事業者は、次に掲げる場合を除くほか、

---

37)　開示命令の申立書の写しの送付については**第3章・第5節・1**を参照のこと。なお、こうした利点のほか、訴訟手続よりも柔軟な運用が期待できる点も開示命令手続の利点といえます。

38)　海外送達に関する課題が緩和されつつあることについては前掲注20)を参照。

39)　第一東京弁護士会業務改革委員会第8部会編『弁護士法第23条の2照会の手引〔6訂版〕』（第一東京弁護士会、2016年）161頁参照。

あらかじめ本人の同意を得ないで、個人データを第三者に提供してはならない。」と定めています。この「次に掲げる場合」の一つとして「(1)法令に基づく場合」が掲げられていますが、弁護士会照会との関係については次のような解説があることが参考となります[41]。

【電気通信事業における個人情報保護に関するガイドライン解説】
「法律上の照会権限を有する者からの照会（〔略〕弁護士法第23条の2第2項〔略〕）等がなされた場合においては、原則として照会に応じるべきであるが、電気通信事業者には通信の秘密を保護すべき義務もあることから、通信の秘密に属する事項（通信内容にとどまらず、通信当事者の住所・氏名、発受信場所、通信年月日等通信の構成要素及び通信回数等通信の存在の事実の有無を含む。）について提供することは原則として適当ではない。なお、個々の通信とは無関係の加入者の住所・氏名等は、通信の秘密の保護の対象外であるから、基本的に法律上の照会権限を有する者からの照会に応じることは可能である。もっとも、個々の通信と無関係かどうかは、照会の仕方によって変わってくる場合があり、照会の過程でその対象が個々の通信に密接に関係することがうかがえるときには、通信の秘密として扱うのが適当である（※4）。」
「（※4）特定電気通信役務提供者の損害賠償責任の制限及び発信者情報の開示に関する法律（平成13年法律第137号）第4条に定める発信者情報開示請求により、権利侵害情報が書き込まれた場・サービスを提供していた事業者（コンテンツプロバイダ（CP））が保有する電話番号が請求者（特定電気通信による情報の流通により自己の権利を侵害されたとする者）に開示された後、当該請求者の代理人弁護士が、権利侵害情報の発信者を特定する目的で、当該電話番号により電話サービスを提供する電気通信事業者（以下「電話会社」という。）に対して、弁護士法第23条の2第2項に基づく照会（以下「弁護士

会照会」という。）により、当該電話番号に対応する加入者の住所・氏名の提出を求める場合がある。この場合には、当該電話会社にとって、権利侵害情報の投稿通信は自ら提供する電話サービスの個々の通信ではなく、また、当該弁護士会照会は当該電話会社が提供する電話サービスの個々の通信の発信者を明らかにするためのものではないため、これに応じることは通信の秘密を侵害するものではないと解される。」

※ガイドライン中の4条とは令和3年改正後の5条を指しています。

第4節　令和3年改正後の法の下における行使方法

1　開示請求権の行使方法

　令和3年改正により創設された非訟手続は、訴訟手続等に加えて、創設されたものであることから、事案に応じて、非訟手続、訴訟手続及び仮処分といった裁判上の手続を適宜利用していくことが考えられます。

　第2節及び第3節で解説を行った方法のほか、以下のような方法も考えられます。

2　令和3年改正前の法の下における従前からの裁判手続と令和3年改正により創設された非訟手続とを併用した方法

(1)　仮処分／開示命令ルート

　令和3年改正前の法の下における従前からの裁判手続と令和3年改正により創設された非訟手続とを併用した方法とは、IPアドレス及びタイムスタンプの開示については仮処分手続を利用し、発信者の氏名及び住所等の開示については非訟手続（開示命令手続）を利用するものです（以下「仮処分／開示命令ルート」といいます。図4-4-1)。

---

① コンテンツプロバイダに対してIPアドレス及びタイムスタンプの開示を求める旨の発信者情報開示仮処分の申立てを行い、開示の仮処分決定を取得する【第1段階】。

② 仮処分決定に基づきコンテンツプロバイダからIPアドレス及びタイムスタンプの開示を受けて、IPアドレスを元にWhois検索を行うことで権利侵害投稿を媒介した経由プロバイダを特定する。

---

③　特定をした経由プロバイダに対して発信者の氏名及び住所の開示を求める旨の開示命令の申立てを行い、認容決定を取得する【第2段階】。

④　認容決定に基づき経由プロバイダから発信者の氏名及び住所の開示を受けることで、発信者を特定する。

⑤　特定した発信者に対して民事上の責任追及（損害賠償請求等）を行う【第3段階】。

※以上のほか、必要に応じて経由プロバイダに対する消去禁止命令の申立てを行うこととなる。

①　第1段階として、開示請求者は、コンテンツプロバイダに対して、「IPアドレス及びタイムスタンプ」の開示を求める旨の発信者情報開示仮処分の申立てを行い、認容決定を得ることで、「IPアドレス及びタイムスタンプ」の開示を受けることとなります[42]。ここで、仮処分手続と開示命令手続とを比較した場合、一般に、仮処分手続の方が迅速性の高い手続となるため「IPアドレス等」の開示を求める手続としては仮処分手続を選択することが考えられます[43]。

②　開示請求者は、コンテンツプロバイダから開示を受けたIPアドレスをもとに、例えばWhois検索を行うことで権利侵害投稿を媒介した経由プロバイダを特定することとなります[44]。

③　第2段階として、開示請求者は特定をした経由プロバイダに対して発

---

42)　IPアドレス等の開示について仮処分手続を利用できることについて前掲注3）参照。

43)　このほか、仮処分手続では疎明で足りるのに対し、開示命令手続では証明が求められるといった相違もあり、この点をも考慮しています。なお、「IPアドレス等」を開示命令手続で求めた後、開示請求者において経由プロバイダの特定を行い、当該経由プロバイダに対して発信者の氏名及び住所等の開示命令の申立てを行うことも可能です。

44)　IPアドレスを起点とした発信者の詳細な特定方法については前掲注4）を参照。

信者の氏名及び住所の開示を求める旨の開示命令の申立てを行い、認
容決定を取得することとなります。ここで発信者情報開示請求の訴え
と開示命令手続とを比較した場合、一般に、開示命令手続の方が迅速
性が高く柔軟性のある手続となるため「発信者の氏名及び住所等」の
開示を求める手続としては開示命令手続を選択することが考えられま
す。

④　認容決定に基づき経由プロバイダから発信者の氏名及び住所の開示を
受けることで、発信者を特定することとなります。

⑤　第3段階として、特定した発信者に対して、裁判外での損害賠償請求
や損害賠償請求訴訟等を行うこととなります。

(2)　仮処分／開示命令ルートの利点と課題

仮処分／開示命令ルートの利点としては、仮処分手続という迅速性の高
い手続を利用するとともに、訴訟手続よりも迅速かつ柔軟性のある手続で
ある開示命令手続を組み合わせることで、迅速な解決を目指すことができ
る点にあります。

もっとも、提供命令が奏功する場合には、提供命令を利用した開示命令
手続の方が迅速性のある手続となる可能性があります。また、このルート
には、開示要件の判断を複数回経る必要があるため効率的ではないという
課題があります[45]。

なお、開示命令手続については運用が始まっていない制度であるとこ
ろ、仮処分手続と同程度の期間で開示がなされるのであれば、制度上立担
保の不要な開示命令手続のみを利用する方法が主流になることも考えられ
ます。

---

45)　制度上、開示仮処分決定の発令には立担保が必要となるため費用面での負担もあ
ります。開示仮処分決定の立担保について**第3章・第2節・4**を参照。

【図4-4-1：令和3年改正後における発信者特定の一般的な流れ（仮処分・開示命令ルート）】

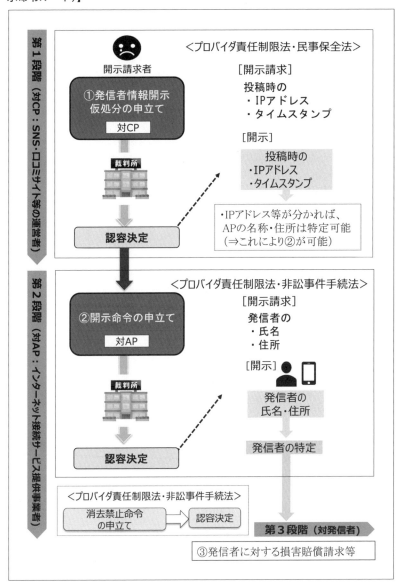

【コラム8：コンテンツプロバイダが氏名及び住所を保有している場合】

　本文では、コンテンツプロバイダが発信者の氏名及び住所を保有していないことを前提としていますが、コンテンツプロバイダが発信者の氏名及び住所を保有している場合には、発信者の氏名及び住所の開示請求を行い、開示を受けることで、発信者を特定することができます。この場合には、1段階の手続で発信者を特定することができることとなります（この場合には開示命令手続による開示を求めることが考えられます。）。例えば、会員登録をすることで商品を購入することができるインターネットサービスにおいて、商品のレビュー機能を搭載しているときに、そのレビューについて開示請求を行う場合が考えられます（この場合、商品の発送を受けるために氏名及び住所を提供している可能性があります。）。

事 項 索 引

判 例 索 引

著者紹介
大澤　一雄（おおさわ　かずお）
　　大澤法律事務所弁護士（第一東京弁護士会）・元総務
　　省総合通信基盤局電気通信事業部消費者行政第二課専
　　門職（2019年〜2021年）
　　総務省総合通信基盤局電気通信事業部消費者行政第二
　　課において、2021年改正プロバイダ責任制限法の立案
　　を担当

発信者情報開示命令の実務

2023年3月13日　　初版第1刷発行

著　　　者　　大　澤　一　雄

発　行　者　　石　川　雅　規

発　行　所　　株式会社 商　事　法　務

　　　　　　　〒103-0027　東京都中央区日本橋3-6-2
　　　　　　　TEL 03-6262-6756・FAX 03-6262-6804〔営業〕
　　　　　　　TEL 03-6262-6769〔編集〕
　　　　　　　https://www.shojihomu.co.jp/

落丁・乱丁本はお取り替えいたします。　　　印刷/大日本法令印刷㈱
© 2023 Kazuo Ohsawa　　　　　　　　　　Printed in Japan
　　　　　　　　Shojihomu Co., Ltd.
　　　　　　ISBN978-4-7857-3016-1
　　　　＊定価はカバーに表示してあります。